樱桃品种

美　早

龙田晚红

拉宾斯

红玛瑙

红 灯

萨米脱

樱桃栽培

嫩枝扦插插穗制备

扦插育苗

扦插苗　　　　　　　　　　扦插苗生根状

马哈利品种根系　　　　　　温室樱桃芽萌发

连栋温室　　　　　　夏季拉枝　　　　　　冬季修剪

小冠疏层形（左修剪前，右修剪后）

温室大棚加温、通风系统（左加温，右通风降温）

三年生矮化樱桃树开花前后（左开花前，右开花后）

四年生矮化樱桃树

秋季樱桃园

樱桃树移栽

樱桃大树移栽后立支柱

果实生理落果后期

樱桃树结果状

樱桃树结果丰产状

樱桃生态采摘

樱桃分级包装

箱装樱桃

樱桃花期遇降雪

花期冻害

幼果期遭受倒春寒

冰雹危害

主干受冻

果实受鸟害

果园设防鸟网

果实遇雨裂果状

国外樱桃专家参观示范园

项目团队实地调研

申请专利证书

评审专家实地考察

听专家田间讲课系列

甜樱桃新品种优质高效栽培

TIANYINGTAO XINPINZHONG

YOUZHI GAOXIAO ZAIPEI

孙俊宝　张生智　张未仲　主编

中国农业出版社
北　京

图书在版编目（CIP）数据

甜樱桃新品种优质高效栽培／孙俊宝，张生智，张
未仲主编．—北京：中国农业出版社，2019.3
ISBN 978-7-109-25294-3

Ⅰ．①甜…　Ⅱ．①孙…②张…③张…　Ⅲ．①樱桃—
果树园艺　Ⅳ．①S662.5

中国版本图书馆 CIP 数据核字（2019）第 041303 号

中国农业出版社出版
（北京市朝阳区麦子店街 18 号楼）
（邮政编码 100125）
责任编辑　浮双双　孟令洋
————————————————
中农印务有限公司印刷　新华书店北京发行所发行
2019 年 3 月第 1 版　2019 年 3 月北京第 1 次印刷
————————————————
开本：880mm×1230mm　1/32　印张：6.5　插页：4
字数：230 千字
定价：25.00 元
（凡本版图书出现印刷、装订错误，请向出版社发行部调换）

编 委 会

主　编：孙俊宝　张生智　张未仲

副主编：段文华

编　委（按姓名笔画排序）：

　　　　王红宁　李秋芳　杨明霞　吴晓璇

　　　　张俊秀　周鹏程　赵旗峰　姚允龙

　　　　原有明　梁志宏　韩　伟　戴丽蓉

顾　问：付宝春　张一萍

前言
QIANYAN

　　樱桃素有"春果第一枝"的美誉，其不但成熟期早，而且果实色泽艳丽，品质优良，具有很高的食用价值和经济效益。近20年来由于樱桃种植业的迅猛发展，被世界各栽培国称为"黄金栽培业"。欧洲甜樱桃1871年引入我国，给我国的樱桃栽培增添了新的动力。目前，我国主要栽培种有中国樱桃（小樱桃）和欧洲甜樱桃（大樱桃）两大类。近年来，随着我国经济的发展，樱桃成为种植面积发展最快的树种之一，2013年全国樱桃栽培面积已达到13.3万公顷。

　　樱桃因原产地的缘故而喜温喜光，忌旱忌冻，适应暖温带东亚季风型半湿润性气候，适合于年平均气温10℃以上的地区，这就使得樱桃露地栽培受到了很大限制。设施栽培技术的推广，大大地改变了樱桃受我国北纬33°～39°才能栽培种植的限制，从南到北，樱桃栽培面积迅速扩大。

　　为适应当前樱桃栽培面积迅速扩大的现状，我们编写了《甜樱桃新品种优质高效栽培》一书，希望能够解决果农在生产中可能遇到的问题，以期对我国樱桃栽培业的发展有所帮助。

全书重点介绍了樱桃的概述，砧木类型，樱桃品种，苗木繁育，樱桃园的建立，樱桃园管理，整形修剪，病虫害防治，采收、贮藏及加工，樱桃设施栽培，樱桃栽培中常遇的问题及预防措施。编写分工为山西农业科学院果树研究所孙俊宝负责前七章及第八章部分内容的编写（120千字），张生智负责第八至十章内容的编写（100千字），张未仲负责第十一章内容的编写（10千字）。

在编写过程中，大量引用参考了国内同行的研究成果、专著和技术资料，在此谨表谢意。因水平所限，定有不当和错误之处，望读者给以批评指正。

编　者

2018 年 12 月

目录
MULU

第五章　樱桃园的建立　/　61

第六章　樱桃园管理　/　66

第一章

概　述

第一节　樱桃的起源及分类

一、樱桃的两大起源

　　樱桃在植物学分类上属蔷薇科樱属。原产地主要为中国长江流域及亚洲西部的黑海和里海周边地区。因此樱桃按原产地分类，大致可分为欧洲系与东亚系两大类。欧洲系樱桃栽培历史悠久，樱桃从原产地逐渐传播到英国、法国、意大利、德国等欧洲国家，以后传入北美，大面积栽培及品种改良也主要为这些国家。目前生产上栽培的多为欧洲系品种。在植物学分类上也有两种，通常栽培的为甜樱桃，果实酸味少，甜味多，是重要的生食用鲜果类别；在甜樱桃之外，还有一种酸樱桃，果实肉质柔软多汁，酸味浓郁，主要用于果汁加工和餐用。

　　我国樱桃栽培历史悠久，已有 3 000 年以上的历史了。在古代，樱桃称为"楔""荆桃""莺桃""含桃""朱樱""玉桃""梅桃"等。"樱桃"一名最早见于司马相如的《上林赋》。在古代栽培的果树中，樱桃是一年中上市最早的果品。自古就受到人们的重视，据《礼记·月令》记载"仲夏之月……天子乃以雏尝黍，羞以含桃，先荐寝庙"。可见早在先秦时期，每年仲夏，统治阶级就要以樱桃进献寝庙，祭祀祖先。历代文人多有吟颂，如南北朝梁宣帝作《樱桃赋》称"唯樱桃之为树，先百果而含荣，既离离而春就，乍苒苒而冬迎。"称樱桃为百果之首，迎春第一果。古代人们就注意到樱桃的营养价值和医疗价值，在《本草纲目》则有"主治调中，益脾气，令人好颜色"的记载。

近年来，我国在樱桃的栽培上，取得了长足的进步，栽培面积不断扩大，栽培的品种也在向品质好、耐贮藏方向发展，如现在在大连的主栽品种为美早、俄罗斯8号。同时其他发展晚的地方也在不断更换品种，除了栽种一部分红灯、拉宾斯、萨米脱等优良品种外，也在不断地选育适合当地的地方性优良品种，如山西农业科学院果树研究所育出的红玛瑙、龙田晚红等均在生产中得到广泛应用。尤其是利用日光温室进行促成栽培，大大延长了樱桃的市场供应时间。在病虫害防治、土肥水管理等各方面也都取得不少新成果。

根据世界粮农组织的数据，2011年全世界有67个国家栽植樱桃（表1-1、表1-2），其中主产区为亚洲西部和欧洲的原产地周边的国家，以及土耳其、伊朗、意大利和美国。

表1-1　世界各国樱桃栽培面积及产量（2011年）

国家	面积 （公顷）	占世界总面积比例 （%）	产量 （吨）	占世界总产比例 （%）
世界	380 674	100.00	224 091	100.00
土耳其	45 246	11.88	438 550	19.57
美国	34 326	9.00	303 363	13.54
伊朗	28 693	7.50	241 117	10.76
意大利	30 207	7.90	112 775	5.00
西班牙	24 933	6.50	101 729	4.50
俄罗斯	16 000	4.20	81 842	3.60
乌克兰	12 500	3.20	76 000	3.40
智利	13 174	3.40	72 800	3.20
罗马尼亚	6 853	1.80	61 088	2.70

表1-2 我国各省份樱桃栽培面积及产量

省份	面积 （公顷）	占总面积比例 （%）	产量 （吨）	占总产比例 （%）
全国	134 866.67	100.00	52.48	100.00
山东	66 666.67	49.43	30.00	57.16
辽宁	28 000.00	20.76	7.50	14.29
河北	3 333.33	2.47	1.00	1.91
北京	4 333.33	3.21	1.30	2.48
安徽	666.67	0.49	0.20	0.38
河南	5 000.00	3.71	1.20	2.29
山西	1 333.00	0.99	0.3	0.57
陕西	14 000.00	10.38	8.00	15.24
甘肃	4 733.33	3.51	1.60	3.05
江苏	666.67	0.49	0.20	0.38
四川	4 666.67	3.46	1.00	1.91
新疆	533.33	0.40	0.07	0.13
其他	266.67	0.20	0.01	0.02

二、樱桃的营养价值

樱桃果实不仅成熟早、酸甜适口、风味浓郁，而且含有多种维生素及矿质元素，许多指标均超过常见的苹果、梨、葡萄，是一种营养价值极高的时令水果（表1-3）。

表1-3 常见水果10种营养成分比较（每100克果肉）

单位：毫克

营养 成分	维生素 B_1	维生素 B_2	维生素 B_3	胡萝 卜素	钙 (Ca)	磷 (P)	钾 (K)	铁 (Fe)	钠 (Na)	镁 (Mg)
苹果	0.01	0.01	0.1	0.02	11	9	119	0.3	1.6	4
梨	0.02	0.01	0.2	0.033	5	6	135	02	2.1	10.2

（续）

营养成分	维生素 B_1	维生素 B_2	维生素 B_3	胡萝卜素	钙 (Ca)	磷 (P)	钾 (K)	铁 (Fe)	钠 (Na)	镁 (Mg)
葡萄	0.04	0.01	0.1	0.05	4	15	252	0.6	2.0	6.6
樱桃	0.04	0.08	0.4	0.21	18	27	258	5.9	0.7	10.6

注：摘自《水果干果食法便典》。

三、樱桃品种分类及其特性

关于樱桃分类有许多植物学者进行过研究，现将俞德浚先生的分类方法介绍如下：

按照品种起源，现有樱桃约可分为以下 5 个系统：

1. 中国樱桃系统 在本系统下可依照果实色泽、果实形状、果梗长短、果实大小、果皮能否剥离、核的粘离、果肉色泽等分为若干品种群。

（1）红色类

①红色球形品种群。如峄县大乌芦叶、小乌芦叶、莱阳短把红、平度甘露、安丘紫锯、沂水落皮甜等。

②红色卵球形品种群。如诸城水樱桃等。

③红色长圆品种群。如临沂长珠、青岛难咽。

（2）黄色类（又称"蜡樱"）

①黄色球形品种群。如琥珀樱桃。

②黄色卵形品种群。如五莲樱桃、短把樱桃、橘黄樱桃、麦黄樱桃。

③黄色长圆形品种群。如金黄樱桃。

2. 毛樱桃系统 本系统品种较多，有待选择培育加以提高。现有红果和黄果两类。

3. 欧洲甜樱桃系统 本系统先按果肉软硬、果汁颜色分为两大类，然后再按照成熟期早晚划分。分为硬肉品种群，如那翁、福寿、滨库等；软肉品种群，如黄玉、大紫。

4. 欧洲酸樱桃系统 本系统按照果肉、果汁色泽浓淡分为两大类，以下再按照成熟期先后划分。如毛把酸樱桃、Early Richmond、Montmoreney、English Morello、Lollis Philippe 等。

5. 欧洲杂种樱桃系统 本系统也先按果肉、果汁颜色浓淡分为两类，以下再按成熟期先后划分。如珊瑚、玛瑙、琉璃泡等。

四、"车厘子"名字由来

近年来，国内樱桃市场持续看好，售价居高不下，于是从国外进口的樱桃数量也在增加。有些商家为区别国内生产的樱桃，而将这些进口的樱桃命名为"车厘子"，实际是樱桃英语名称"cherry"的译音。在市场上曾出现"这是车厘子，不是樱桃"的笑话。作为果树栽培者不能被商家的促销手段所迷惑。

第二节 立地条件

不同种类的樱桃，对环境条件的要求也不相同。中国樱桃原产于长江流域，适应温暖而潮湿的气候，耐寒力稍弱，所以以长江流域栽培较多。甜樱桃和酸樱桃原产于亚洲西部及欧洲等地，适应于凉爽而干燥的气候，在我国北方，如华北、西北及东北的辽宁栽培较适宜。毛樱桃原产于我国北方，分布广，南北大部分地区都可栽培。

一、温度

年平均温度在 6.5～17.6℃，适宜温度为 10～12℃；冬季最低气温高于 −22℃，在 −22～−25℃ 的地域虽然也能栽植，但偶发冻害的概率较大；最高气温低于 40℃，1 月平均气温低于 7℃，无霜期在 140 天以上；年日照时数在 1 400 小时；低温（低于 7.2℃）时数达到 1 000～1 200 小时，500～800 小时的地域只能选择种植低需冷量的品种。高海拔的地区，应选择在海拔 1 100～2 200 米的地域种植。

当日平均气温达 10℃ 左右时，花芽开始萌动，日平均气温达 15℃ 左右时即可开花。樱桃早春开花早，影响樱桃产量最严重的是早春霜冻。据文献记载，樱桃由萌芽、开花到幼果生长，不同发育阶段对低温的耐力不同。其致害的温度在花蕾期为 $-1.7 \sim -5.5℃$，开花期和幼果期为 $-1.1 \sim -2.8℃$。温度变化的情况不同，其为害的程度也有差别。如果温度急剧下降时花芽的受冻率可达 $96\% \sim 98\%$，缓慢下降时则仅为 $3\% \sim 5\%$。

甜樱桃对低温适应性的顺序，较耐寒的是甜酸樱桃杂交种，其次为软肉品种（黄玉、大紫、早紫等），再次为硬肉品种（那翁、滨库等）。

二、土壤

优质樱桃生产需要透气性好、有机质含量高的土壤。土壤的总盐量小于 0.1%，氯离子含量小于 0.02%，当土壤氯离子大于 0.02% 时，树体生长受到抑制。

姜学玲等（2012）通过对全国樱桃优质丰产园的调查，认为最适宜的土壤 pH 为 $6.2 \sim 6.8$。甜樱桃在 pH4.0（山东烟台）$\sim$ 8.78（甘肃天水）的土壤上都能生长，但高 pH 的土壤易发生缺铁的叶片黄化症状，低 pH 的土壤易发生缺镁引起的叶片黄化症状。

樱桃对土壤的要求因种类和砧木而异，甜樱桃适宜土层较厚、土质疏松、通气良好的沙质壤土或壤土。据调查，嫁接在中国樱桃上的二十五年生大紫品种，在良好的土壤条件下，根系主要分布在表土下 $30 \sim 60$ 厘米处，地上部生长健壮而高大。但在不良条件下，同一砧木的十五年生那翁品种其根系主要集中在 $20 \sim 30$ 厘米，地上部生长呈早衰现象，根系向深处生长不仅对抗旱、抗风有利，对树体生长发育和产量也有很大影响。

一般来说，除酸樱桃能适应黏土外，其他樱桃种类在黏土上都生长不良，特别是用马哈利樱桃作为砧木的最忌黏重土壤。樱桃对土壤盐渍化的反应除酸樱桃适应性稍强外，甜樱桃也很差，在地下水位较高的盐渍化土壤中受害严重。

三、水分

樱桃的正常生长发育要求有一定的湿度和温度。土壤湿度和温度过高时，常引起枝叶徒长，不利结果。土壤湿度不足时，尤其是初夏干旱、供水不足情况下，新梢生长受到抑制，并引起大量落果。据 1958 年烟台观察，5～6 月果实发育期间的干旱，无灌水条件的甜樱桃落果率达 47％以上，不仅影响产量，同时果小且形成大量畸形果。

四、光照

樱桃为喜光树种，而以甜樱桃为甚，其次为酸樱桃和毛樱桃，中国樱桃较耐阴。在良好的光照条件下，果实成熟早，着色良好，要采取适宜的栽植密度和整形修剪。

第三节　生物学特性

一、芽、叶、枝生长特性

1. 芽　樱桃的芽有叶芽和花芽。叶芽春季萌发生长成为枝条，花芽开花、结实。叶芽细长，先端尖，花芽比叶芽圆胖。叶芽春季萌发后生长，对于枝生长中心以 2/5 叶序顺次生成叶片，在叶腋间生成腋芽，在枝条生长结束时，顶芽必定是叶芽。也就是说，樱桃花芽全部是腋花芽，而没有顶花芽。花芽为纯正的花芽，在花芽内仅有小花。与苹果、梨不一样，不含有可成为枝条的芽。顶芽发育成发育枝的情况下，基部几个芽成为花芽，而其上部的腋芽及顶芽为叶芽。

2. 叶　叶的功能不仅是进行碳素的同化作用，也同时进行着呼吸、蒸腾等重要作用。叶为卵圆形或圆形,叶缘有锯齿,叶先端尖。一般甜樱桃的叶片大小为长 12.3 厘米、宽 8 厘米左右。酸樱桃、甜酸樱桃杂交品种要比甜樱桃小一些。叶的表面为普通的绿色,但因品种有浓淡的差异,同时因品种不同,内部软毛也有差异。叶柄呈现由绿色到淡绿色,叶柄或叶片上多有球形或肾形的蜜腺,蜜腺的数目因品种不同存在差异,普通为 1~3 个。

3. 枝 枝条有徒长枝、发育枝、结果枝、二次枝等。在结果枝中有长果枝、中果枝、短果枝等,其中作为结果主体的为长果枝与短果枝。发育枝上的顶芽与各腋芽生长方式为:

①顶芽及先端的 2~3 芽生长成为长果枝,其基部的数个腋芽在 7~8 月形成花芽,下一年开花结果。

②其他以下的腋芽第二年仅能够成为顶芽为叶芽、以下腋芽为花芽的短果枝,因顶芽和腋芽间的节间非常短,所以称为花束状短果枝。这些短果枝的腋花芽下年春季开花结果,其后部分成为盲芽部,仅有顶芽可生长,再次形成短果枝。这样的短果枝光照条件好,营养好,可以连续十数年形成短果枝。这种情况下,因每年的结果部位形成盲芽部,由结果部位的顶芽年年向外移动,经过十数年后,此花束状果枝可长达 10 厘米左右。

③上述短果枝基部腋芽开花结果形成的盲芽部,下年不会萌芽和抽枝。

酸樱桃和甜樱桃相比,幼年时期短果枝形成较少,结果以长果枝为主,随着树龄的增长,短果枝逐渐增加。樱桃的顶芽如前所述,常为叶芽,一旦萌发,就与作为延长枝的枝同一方向伸长。在顶芽之下的几个侧芽,形成与延长枝有一定角度的枝,放任树形成自然的圆头形。发育枝在顶芽下面容易形成轮生枝。

二、花生长特性

(一) 花芽的分化和形成

1. 花芽形成 樱桃花芽形成的状态使用剥皮法观察,花芽分化前的叶芽与花芽的顶部生长点一样，同为半圆形，一进入花芽分化初期，生长点开始变得不平坦，接着进行不规则的发育，形成凸起的苞，其腋间出现最初的蕾原始体。

接着是花芽分化的第一期，这个蕾的原始体稍微隆起，到第二期，原始体的隆起明显，在蕾的原始体上形成 5 个萼片，伴随着萼片的发育，萼片间花瓣形成，在花瓣的下方出现雄蕊，接着在萼筒的底部雌蕊开始隆起，雌蕊发育好便形成柱头，同时花丝形成，之后在顶端形成花药，就这样花芽内花器逐步形成。

2. 花芽分化期及分化期间 花芽分化开始期因产地不同而有差异。同一园内不同年份也有一定差异。定盛（1927—1928）在日本盛冈的拿破仑品种 7 月 23 日至 8 月 1 日分化。岩恒（1938）在福岛观察拿破仑品种的发育枝腋花芽在 7 月 9 日前分化，一年生及二年生枝的短果枝的腋花芽在 7 月 1 日分化；黄玉品种则为发育枝及一年生的短果枝的腋花芽在 7 月 9 日前，二年生的短果枝在 7 月 1 日分化。

铃木（1948—1949）在日本山形县调查拿破仑和黄玉两品种的结果为：花芽分化初期拿破仑发育枝基部的腋花芽在 7 月 17 日前，一年生及二年生枝短果枝的腋花芽在 7 月 10 日前；黄玉品种的发育枝及短果枝的腋花芽均在 7 月 24 日前。一株树上最早开始分化至最后开始分化的期间，即花芽分化期间，拿破仑为 7 月 10 日至 8 月 7 日，黄玉为 7 月 24 日至 8 月 21 日。

（二）花的结构

腋花芽发芽后，花柄伸长，其上形成的萼片内的 5 个白色的花瓣展开，花瓣为圆形或卵圆形，基部稍细，呈花柄状，花瓣各自分离附着萼片上，萼片向上呈吊钟状，其内部有多数的雄蕊和中央的雌蕊，雄蕊有花药与花丝，花药有 1 至数个药室，其内生成大量的花粉，一成熟花药开裂，内部的花粉就会飞散。

（三）交配授粉的关系

自花受精的果树上，将花粉授到同一花的雌蕊柱头上就可结实，但樱桃雌蕊的柱头上授同一株树或同一品种的其他株上的花粉则不能结实，这种性质称为自花不亲和。在自花不亲和的果树中，以樱桃表现最为强烈，如仅栽 1 个品种则不结实，必须再与其他品种混栽，但也不是只要是不同品种混栽就可以，而特定的品种间互授粉也不受精，这种性质称为交配不亲和。

樱桃授粉不结实的原因很多，例如树体贮藏营养不足、花期气候异常（低温冻害、干热风等），以及果实发育期干旱缺水等原因都会造成坐果率低甚至不结实，但不结实的根本原因是品种间的雌、雄配子交配不亲和。雌、雄配子交配亲和与否在遗传上由单个遗传基因位点的一对 S 等位基因控制，不亲和的花粉在柱头上萌发并穿过柱头后，花粉管在花柱内的生长遇阻，表现为花粉管先端膨大、形状异常和停止生长。也就是说，花粉在雌蕊内的行动受花粉自身的 S 基因型影响，当雌蕊与花粉所含 S 等位基因为相同的 S 基因型时，花柱内花粉管的生长将被阻碍而不能受精结实。目前已研究发现樱桃中存在 S1～S13 共 13 个 S 基因位点，自交不亲和基因型组合 22 个。一些樱桃园中虽然搭配了不同品种，计划辅助授粉，但结实率仍然较低，主要原因在于这些品种中 S 基因型相同，属于同一个不亲和基因型品种组群，相互之间授粉不亲和。目前的一些主栽品种如红灯、布莱特（意大利早红）、莫莉、美早、秦林（莱州早红）、早红宝石等早熟品种的 S 基因型为 S3S9，相互授粉不结实；奇好、早大果、极佳 3 个乌克兰系列品种的 S 基因型同为 S1S9，相互授粉也不能结实，必须配置其他 S 基因型的授粉品种才能保证较高的坐果率。

表 1-4　樱桃不同品种的 S 基因型

S 基因型	品种名
S1S2	萨米脱、斯帕克里、大紫、法兰西皇帝、巨早红、巨晚红、早丰王、砂蜜豆

S 基因型	品种名
S1S3	先锋、蕾吉娜、Gil peck、Olypus、Samba、Sonnet、Sumele、福星、Cristalina、Index
S1S4	拉宾斯、Sweetheart、黑珍珠、桑提娜、雷尼、早生凡、萨姆
S1S5	Annabella、Valera
S1S6	红清、Mermat
S1S9	早大果、奇好、友谊、极佳、福晨、布鲁克斯
S2S3	维佳、马苏德、林达、Rubin、Sue、维克托
S2S4	维克、莫愁
S2S5	Vista
S2S7	早紫
S3S4	宾库、那翁、兰伯特、Ulstar、Yellow Spanish、Star、法兰西皇帝、安吉拉、Kristin、Somerset、Sandra rose、Sonata、Skeena、新太拉、红丰、艳阳、斯塔克艳红
S3S5	海蒂芬根
S3S6	黄玉、柯迪亚、南阳、佐藤锦、红蜜、早露、宇宙、养老
S3S9	红灯、布莱特、莫莉、意大利早红、莱州脆、莱州早红、美早、早红宝石、抉择、红艳、伯兰特、岱红、吉美
S3S12	公主、施奈德斯
S3S13	惠灵顿 A
S4S6	佳红、Merton Glory
S4S9	龙冠、巨红、早红珠、长把红
S5S13	卡塔林、马格特、斯克奈特
S6S9	晚红珠、大紫 E

　　有些品种的授粉亲和等位基因型含有 S4，凡有含 S4 基因的花粉可给含有 S4 的柱头授粉，花粉管的发育不受抑制，最终受精结

实。因此含有 S4 基因型的品种被称为自花授粉品种，也可为其他品种授粉，美国和加拿大统称为通用授粉品种。以拉宾斯为代表。

三、果实生长特性

（一）果实的特色

樱桃果实属核果类，受精结束后由子房发育成果实，在果实内部有 1 个核。果实由外侧向内由外果皮、中果皮、内果皮（核）、种皮等构成。其中，供食用的部分即果肉为中果皮；通常称为核即种子的部分为内果皮，其有坚硬的核层；在核的内部有种皮，其内部为胚。

果实的外形因品种而异，有圆形、扁圆形、卵形、心形等。梗洼、萼洼有广、深之分，果梗长短有差别。果皮的色泽也随品种不同差异显著，有紫黑、深红、红、浅红、黄、黄绿等种类，斑点也随品种存在差异。果肉的软硬随品种差异很大。从果肉的硬度看，软肉品种以早熟品种多，硬肉品种以晚熟品种多。果肉的色泽有紫红、紫黄、白等。果汁也有紫黑、深红、淡红、无色等多种。果核的大小及形状也与品种有关。

（二）果实的生长

从樱桃果实的直径增加程度来看，与桃一样可分为三个阶段，即最初的迅速生长阶段，其次的缓慢生长阶段，最后的再次迅速生长阶段。这种生长模式通常被称为 S 型生长模式。

据日本研究者在山形县调查早熟品种吉姆·阿诺内，落花后至第 8 天为迅速生长阶段；以后到第 17 天，为缓慢生长阶段，也是果实硬核期；最后到第 26 天的成熟采收为迅速生长阶段。中熟品种黄玉及晚熟品种那翁也显示同样曲线。黄玉落花后的前 6 天为迅速生长阶段，到第 18 天为缓慢生长阶段，最后到第 33 天为迅速生长阶段。那翁落花后前 10 天为第一阶段，到第 28 天为第二阶段，以后到第 43 天成熟采收为第 3 阶段。

四、根生长特性

樱桃多为嫁接苗，根系因砧木不同可分为实生根系、茎源根系和根蘖根系三大类。这三类根系在形态上差别较大。

（1）实生根系。 由砧木种子的胚根发育而来，一般主根较发达，根系分布深广，生命力强，抗逆性强，但个体间往往有差别。

（2）茎源根系。 指通过压条、扦插、组织培养等无性繁殖方法获得砧木具有的根系，由茎上的不定芽发育而来，无主根，侧根多，垂直根不发达，水平根发育强健，须根量大，其根量比实生根系大，分布范围广，具有 2 层以上的根系。

（3）根蘖根系。 指由根段上的不定芽萌发长成的根蘖苗的根系。其特点类似茎源根系。

和其他果树相比，樱桃的根系呼吸强度较大，在土壤中分布较浅，多数根系分布在 5～60 厘米的土层中。因对土壤中的氧气需求量大，所以耐水性弱，对积水非常敏感。在雨季如发生积水可导致土壤缺氧而腐烂死亡。但也不耐旱。

在沙壤土、壤土、有机质丰富的透气性好的土壤中根系发达，分布较深，抗倒伏能力强；在黏重、有机质含量低、透气性差的土壤中根系发育就较差，分布浅，容易发生倒伏现象。

第二章
砧木类型

第一节　乔化砧木

一、草樱桃

(一)品种来源

由山东省烟台林业科学技术站从当地的中国樱桃栽培品种中选育出来。

(二)品种特性

草樱桃为小乔木或丛状灌木。幼树期间多直立生长,大量结果后树冠开张。主干暗灰色,多年生枝暗紫灰色或紫褐色,表皮光滑,有灰白光泽。皮孔中大,横列椭圆形,突起,散生,中央横裂。一年生枝棕绿色,表皮光滑。叶片长卵圆形至椭圆形,叶基近圆形,叶缘复锐锯齿。叶色浓绿,质厚而韧,叶面、叶背具淡黄色茸毛。叶柄短、中粗,柄基有1～2个椭圆形蜜腺。每个花芽有2～6朵花,平均3.4个。花冠直径2.0～2.4厘米,平均2.2厘米。花瓣匙状椭圆形,粉红色。雄蕊36～42枚,平均38.7枚。雄蕊与雌蕊柱头等高。果实圆球形,平均单果重1.47克,绛红色。果顶稍突出,梗洼广浅,果肉可食部分85.9%,肉质软,汁液多,品质中等。果核卵圆形。果梗黄绿色,微具茸毛,平均长2.4厘米。

(三)栽培要点

草樱桃幼树生长势较强,萌芽率高,成枝力中等,多形成中长果枝。盛果期树萌芽率降低，以中短枝结果为主。隐芽萌发率高，极易形成萌蘖，萌蘖分株或扦插均易生根成活，繁殖系数极高。草樱桃砧木毛根发达，适应性较强，最宜沙质壤土或砾质壤土生长，对根癌病有高度抗性。做砧木与樱桃主栽品种嫁接亲和力强，嫁接苗长势健壮，丰产性高。

草樱桃有大叶型和小叶型两种。

（1）大叶型草樱桃。 叶片大而厚，叶色浓绿，枝粗壮，节间长，根系分布深，粗根多，固地性好，不倒伏。与各类樱桃嫁接亲和力强，抗逆性好，寿命长。用扦插法和压条法繁殖。适宜在生产中使用。

（2）小叶型草樱桃。 叶片小而薄，分枝多，呈丛生状，枝条细软，根系浅，毛根多、粗根少，嫁接后固定性差，易倒伏，嫁接植株寿命短，易造成死树现象，树体大小不整齐，故不宜采用。

二、大叶草樱

（一）品种来源

大叶草樱又名大青叶、大叶樱桃，是山东省烟台高新区甜樱桃砧木研究所从草樱桃中选出的一个优良乔化砧木。

（二）品种特性

大叶草樱为小乔木或灌木，用其嫁接欧洲樱桃后，树冠较马哈利做砧木嫁接的树冠小。与多数樱桃品种嫁接亲和力较强。

大叶草樱枝条粗壮，节间短，分枝少。叶片较大，平展，有光泽。果实鲜红色至紫红色，平均单果重1克左右。毛根发达，适应性较强，抗樱桃根癌病，抗旱性一般，不耐涝。嫁接甜樱桃品种后，树体较高大，根系分布浅，遇大风易倒伏。嫁接苗定植后第3年开始结果，进入盛果期需6～7年。主要采用分株和压条繁殖。适宜在沙壤土或砾质壤土中生长。在黏重土壤上生长时，盛果期树嫁接部位易流胶。

（三）栽培要点

用大叶草樱做砧木适宜的行株距为 4.0 米×（2.5～3.0）米，即每亩* 栽植 55～66 株。

三、毛樱桃

品种特性

毛樱桃为小灌木，抗逆性强，对土壤要求不严格，尤其是抗旱、抗寒、耐瘠薄能力强，生长健壮。毛樱桃与甜樱桃嫁接亲和能力差，嫁接成活率低，成活者生长状况差，经济寿命短，不宜采用。但毛樱桃与中国樱桃嫁接亲和力好，可作为基砧，中间砧可选中国樱桃，再嫁接甜樱桃，这样既利用了毛樱桃抗旱、抗寒、耐瘠薄的优点，又克服了毛樱桃与甜樱桃嫁接亲和力差的缺点，同时具有矮化、早产、丰产的优点。

四、青肤樱

（一）品种来源

青肤樱为山樱桃的变种，是辽宁的主要甜樱桃砧木。

（二）品种特性

主要靠种子和扦插繁殖。该砧木适应性、抗涝性和抗寒性均强，抗旱性稍差。植株生长健壮，分枝少，叶片大，干性强，主侧根发达，固地性好，寿命长，与甜樱桃嫁接亲和力强，苗木生长健壮，且具有较好的早实性。

五、考特

(一)品种来源

英国东茂林试验站以欧洲樱桃马扎德与中国樱桃杂交育成。

(二)品种特性

根系发达，适应性强，抗旱，固地性好，植株分枝多，成丛状生长。嫁接亲和力强，苗木生长健壮，且花芽分化早，丰产，嫁接部位没有"小脚"现象。幼龄树生长势强，随着树龄增加长势变缓，树形较紧凑，不耐旱，抗寒，在山东省应用较多。

可通过组织培养法、全日光弥雾扦插法和压条法繁殖，繁殖系数高，繁殖能力强，为优良砧木，适合大面积丰产栽培使用。缺点是易感染根癌病，抗旱性差，适宜在比较湿润的土壤中生长栽培。

(三)栽培要点

建园后，行株距为4.0米×（2.5～3.0）米，每亩栽植55～66株，园相整齐，植株生长结果性状良好，具有较好的丰产性和稳产性。

(四)其他

另外，有报道材料将考特作为半矮化砧木，但经多地多年的引种观察，该砧木未表现出矮化性状，植株生长强于其他砧木，表现出乔化性状，贪长、徒长，结果期相对较晚，因此在生产上要注意早期丰产配套措施的应用。

六、马扎德

(一)品种来源

马扎德在欧洲用作樱桃砧木已有2 000多年历史，在美国东部尤其是黏重土壤中普遍采用此砧木。

(二) 品种特性

树体大，寿命长，与多数樱桃品种亲和力较强，根系深，固地性强，耐湿抗寒，抗疫菌性根腐病，生长结果良好，但进入盛果期晚，对细菌性溃疡病、萎蔫病、根癌病和褐腐病均敏感。

七、马哈利

(一) 品种来源

马哈利原产欧洲中部，是欧美各国普遍使用的樱桃砧木。

(二) 品种特性

为野生品种，小乔木或灌木，株高4米左右，树冠开张，枝条细长，分枝力强。叶片小，叶片圆形至宽卵圆形，长3～6厘米，叶缘钝锯齿，叶尖骤尖，叶基广圆形，表面光滑、有蜡质层。总状花序，花小，花瓣白色。果实小，球形，紫黑色，离核，味苦涩，果肉不能食用。种子较小，椭圆形至圆形。种子经层积处理后发芽率在90％以上。萌生不定根的能力差，不适合扦插和压条繁殖，多用实生播种繁殖。

与大多数品种嫁接亲和力强，接口愈合好，苗木生长健壮。嫁接树幼年期间生长势强旺，进入结果期稍晚，结果后逐渐缓和，树势中等，半开张。抗逆性较强，抗旱、耐瘠薄、耐盐碱、耐寒力强。适应干旱山地或沙质土以及轻壤土栽培，不适宜潮湿、黏重的土壤。固地性好。根癌病、萎蔫病和细菌性溃疡病比马扎德轻。

(三) 栽培要点

以马哈利做砧木建园可选择中等密度的行株距（4～4.5）米×（3～4）米。每亩栽37～54株。

八、樱砧王

（一）品种来源

胶东地区从日本引进的甜樱桃砧木，来源不详。

（二）品种特性

多年生枝浅灰色，一年生枝黄褐色。叶片长椭圆形，中大较厚，先端极尖，叶缘锯齿尖、窄、深；色浅绿，蜜腺小而少。叶柄短，绿色，正面紫红。嫩梢黄绿带红色。硬枝、绿枝扦插极易生根，当年就能嫁接成苗。根系粗壮，多而发达，是一般甜樱桃砧木根系生长量的 3～5 倍。固地性强，抗旱、抗涝、抗冻。建园后，果园整齐度高，产量高且稳定。与多数甜樱桃品种嫁接亲和力强，无大脚病、小脚病，无流胶现象。在胶东地区表现良好，在全国其他地区有待进一步观察其表现。

第二节　矮化砧木

矮化砧木在品种抗性、栽培管理方面均优于乔化砧木，挂果早，未来矮化砧木有取代乔化砧木的趋势。

一、莱阳矮樱

（一）品种来源

莱阳矮樱属于中国樱桃，原产于山东省莱阳市。

（二）品种特性

树姿直立，枝条粗壮，节间短。叶片大而肥厚，椭圆形，叶色浓绿、有光泽。根系较发达，粗根多，分布深，固地性强，较抗倒伏。果实圆球形，果个大，平均单果重 2.94 克。果面深红色，有光泽，外形美观。果肉淡黄色，可食率高，质地致密，风味香甜。在山东省莱阳市 5 月中旬果实成熟。

树势强健，树体紧凑矮小。对土壤要求不严格，山丘、河滩地均生长良好，但最好不要在黏土地上建园。与甜樱桃品种嫁接亲和力强，成活率高，进入结果期早，经多代营养繁殖，矮化性状稳定，具有作为甜樱桃矮化砧的许多潜在优良性状，很有发展前途和利用价值。据在鲁南地区调查，莱阳矮樱也有不同程度的病毒病症状表现，因此，在进行无性繁殖时需严格选择母树。

二、ZY-1

(一) 品种来源

ZY-1 是中国农业科学院郑州果树研究所于 1988 年从意大利引进的甜樱桃半矮化砧木。

(二) 品种特性

树冠为灌木或小乔木，树姿半开张，树势中庸，树冠高 3～4 米，具有明显的矮化性状。嫁接甜樱桃品种树冠大小为马扎德标准树冠的 70%，属半矮化。多年生枝干灰褐色，当年生枝条浅褐色，枝条较细且柔软，分枝角度大。萌芽率高，成枝力强。叶片卵圆形、较薄，具蜡质层，叶色浅绿，叶片长 8.76 厘米、宽 4.68 厘米，叶缘细重锯齿，叶尖急尖，叶基广楔形；叶柄长 1.34 厘米，叶腺1～2 个，小圆形，黄色；叶片平展，叶片与枝条相对着生状态为水平。果实近圆形，平均单果重 3.13 克，果柄细长，与果实结合紧密，不易落果。果皮鲜红色，较薄，具光泽，有蜡质层。果肉深红色，质软，汁液多，味酸，可溶性固形物含量达 14.7%，不耐储运，食用性差。

与甜樱桃嫁接亲和力强，成活率高，进入结果期早，苗木栽后第 2 年可结果，第 5 年进入盛果期。抗旱、抗寒性强，抗病性强，且具显著的矮化性状。其自身根系发达，根颈部位分蘖极少，具有明显的欧洲酸樱桃特征。幼树期植株生长较快，成形快，进入结果期之后，生长势显著下降，一般树高 3.5 米，嫁接部位没有"小脚"现象。采用组织培养繁殖苗木。

（三）栽培要点

每亩栽植 66～84 株，行株距可采用 4.0×（2.0～2.5）米。

三、吉塞拉系列

从 1965 年起，德国吉森大学开展甜樱桃的矮化砧木育种，进行樱桃的种间杂交，从 6 000 株实生苗中选出 12 个品种，而综合性状最好的为吉塞拉 5 号、吉塞拉 6 号、吉塞拉 7 号和吉塞拉 12，它们的树冠大小分别为马扎德标准树冠的 45%、70%～80%、50%和 80%。这些砧木的共同特点是早果、丰产，比较适于黏土，树姿开张，抗樱桃根癌病和流胶病，果实品质好，是综合性状优良的甜樱桃矮化、半矮化砧木。苗木生长粗壮，节间短，高度为其他砧木的 50%～70%，植株栽植后树体均衡生长，特别适宜密植和设施栽培。主要采用组织培养繁殖苗木。

（一）吉塞拉 5 号

亲本为酸樱桃×灰毛樱桃。被称为欧洲最丰产的甜樱桃矮化砧木。

其自身树体矮小，成龄树树高仅 2 米左右，具有欧洲酸樱桃的明显特征。多年生枝条褐色，较粗糙。一年生枝棕褐色，皮孔大而明显，较硬。叶片小，浓绿色，有蜡质层，卵圆形，叶片长 4.28 厘米、宽 2.80 厘米，叶缘细重锯齿、先端急尖，叶基广楔形；叶柄短，长 0.68 厘米，叶柄与枝条着生部位有托叶 2 个，叶腺 2～4 个，黄色，较小。叶片上卷，叶片与枝条相对着生状态为斜向上。果实鲜红色，平均单果重 2 克左右，味极酸。

甜樱桃品质嫁接在吉塞拉 5 号砧木上的树体大小仅为嫁接在马

扎德砧木上的 45%。嫁接树体开张，嫁接亲和性良好，但在嫁接部位有"小脚"现象，固地性能稍差，需立支柱支撑。早果性好，嫁接树第 2 年开花结果，第 3 年株产可达 4 千克以上，四年生树株产可超过 10 千克。用吉塞拉 5 号嫁接红灯品种，表现树势中等，枝条开张、中、短枝增多，健壮的中、长枝腋花芽也比较多。使用该砧木是实现矮化密植、早果丰产的好材料。

土壤适应性好，抗病性强，在黏性土壤中表现良好，少根癌病，萌蘖少，耐寒性好。吉塞拉 5 号耐盐性较强，在土壤含盐量 0.2% 时仍能够正常生长。抗樱桃属坏死环斑病毒（PNRSV）和洋李矮缩病毒（PDV）。

适合密植栽培，吉塞拉 5 号做砧木每亩栽植 84 株或更多，行株距可为（3～4）米×（2～2.5）米。

（二）吉塞拉 6 号

亲本为酸樱桃×灰毛樱桃，为半矮化砧。嫁接树体开张，圆头形，开花早，结果量大。适宜各种类型土壤，在黏土地上生长良好。萌蘖少，抗病毒病，固地性能好。国内试验耐盐性差，不能在盐碱地上生存。

吉塞拉 6 号做砧木每亩栽植 66～84 株，行株距为 4 米×（2～2.5）米。

（三）吉塞拉 7 号

亲本为酸樱桃×灰毛樱桃。做砧木花量大，早果丰产性好。适应范围广，抗寒、抗涝、抗 PDV 病毒。国内试验耐盐性较差，只能在土壤含盐量低于 0.2% 的地区应用。

（四）吉塞拉 12

亲本为灰毛樱桃×酸樱桃，半矮化砧。适应各种类型的土壤，抗病毒，萌蘖少，固地性好。

第三章
樱桃品种

关于樱桃成熟期分类，国内尚无统一标准，因樱桃果实成熟期较其他果类成熟期集中，严格分类不易，所以看法不同。有些人仅以红灯品种为标准，成熟期比红灯早几天，或比红灯晚几天，因红灯品种是个优良品种，推广较早，栽培面积又广，与其比较可说明品种特性。有些人按成熟期分为两类，即早熟种和中晚熟种。本书按果实生长期将品种分为三类：果实生长期在 50 天以下的称为早熟种；生长期在 50～60 天的称为中熟种；生长期在 60 天以上的称为晚熟种。不一定很合理，仅供参考。

樱桃适宜在早春气温回升快、无晚霜危害地区栽培，如陕西关中、陕南盆地及其他内陆省份适于栽培樱桃的地区。在品种选择时，对果实性状、色泽要求不高，只要品质达到中等以上即可，主要注意成熟期。

第一节　早熟品种

一、红灯

（一）品种来源

大连市农业科学研究所于 1963 年以那翁与黄玉杂交育成，1973 年通过大连市科委、市农业局组织品评会品评通过并命名，是我国目前广泛栽培的优良早熟品种。

该品种树势强健，生长旺盛，树冠大，萌芽率高，成枝力较强，枝条粗壮。叶片特大，在枝条上呈下垂状生长。叶片阔圆形，叶长可达 17 厘米，宽可达 9 厘米，叶基圆形，先端渐尖，叶缘复锯齿，大而钝，叶片质厚，叶面平展，深绿有光泽。叶柄基部有 2～3 个紫红色、长肾形的大蜜腺。果柄短粗，长 3.74 厘米。

（二）品种特性

果实为肾形，大而整齐，平均单果质量 9.6 克，最大可达 15 克。果皮呈紫红色，有鲜艳的光泽；果肉多汁，肉质较软，风味酸甜适口；可溶性固形物含量 17.1％，可溶性总糖含量 14.48％，可滴定总酸含量 0.92％。果核圆形，中等大小，半离核，可食率 92.9％。较耐贮运。果实发育期 40～45 天。在授粉树配置良好的情况下，其自然花朵坐果率可达 60％左右。

结果枝上的花芽数与枝条的长度呈正相关，即长果枝上最多，以下为中果枝、短果枝、花束状结果枝依次递减，莲座状结果枝的花芽数最少。莲座状结果枝连续结果能力较强，以 3～5 年时花芽较多，第 6 年开始显著减少，在第 5 年时要缩剪莲座状结果枝前的枝条，以促进生长。

幼龄期树势发育旺盛，进入结果期较晚，一般定植后 4 年结果，初期产量较低，但由于树冠扩大迅速，6 年左右进入盛果期后生长缓和，产量迅速提高。能长期保持丰产稳产和优质壮树的经济栽培状态。

二、岱红

（一）品种来源

由山东农业大学园艺学院于 1982 年播种大紫樱桃自然授粉的种子，获得的实生苗中选育出。

（二）品种特性

果实圆心形，果形端正，整齐美观，畸形果很少。果实平均单果重 10.8 克，最大 14.2 克。果梗短，平均长 2.24 厘米。果皮鲜红至紫红色，富光泽，色泽鲜艳。果肉粉红色，近核处紫红色，果肉半硬，味甜适口，可溶性固形物含量 14.85％，核重 0.3～0.5克，离核，可食部分达 94.9％。裂果较轻。果实生长期 35 天左右。

幼树树势较强健，在山丘地树冠外围一年生枝萌芽率为 98.3％，成枝力为 5.0％；外围一年生枝中短截后萌芽率为 95.6％，成枝力为 19.1％。一般发 3～4 个长梢，中下部芽多形成叶丛枝。以中国樱桃大窝娄叶为砧木高接树，第 2 年开始结果。

三、龙冠

（一）品种来源

中国农业科学院郑州果树研究所以那翁与大紫杂交育成。1996年 5 月通过河南省农作物品种审定委员会审定。

（二）品种特性

果实个大，平均单果重 6.8 克，最大可达 12 克。果形呈宽心形，果柄长，果皮宝石红色，晶莹亮泽，艳丽诱人。果肉及汁液呈紫红色，汁中多，酸甜适口，风味浓郁，品质优良，可溶性固形物含量 13％～16％，总酸含量 0.78％，维生素 C 457 毫克/千克。果实肉质较硬，耐贮运性好，常温下货架期 6～7 天。果核呈椭圆形，粘核。

树势强健，抗逆性强，在中原地区比较干燥的气候条件下能正常生长结果。幼树发枝力较弱，需通过多次摘心促进发枝，扩大树冠。通过拉枝，开张主枝角度，缓和树势，提早结果。花芽抗寒性较强，开花整齐，自然授粉坐果率在 25％以上，产量高而稳定。适宜授粉品种为红蜜。适宜的砧木为中国农业科学院郑州果树研究所选育的中樱 2 号（中国樱桃的一个优系），应用莱阳矮樱做砧木，可使龙冠树体减小 1/3，可进行促成栽培。在河南郑州地区 5 月中旬成熟，比大紫早熟 7～8 天。果实发育期 40 天左右。

四、超早红

(一) 品种来源

由山东省枣庄市果树研究所和市中区林业局合作，从当地主栽品种大窝娄叶樱桃和大尖叶樱桃天然林中选择的实生单株。2003年定名，2004年通过枣庄市专家验收。

(二) 品种特性

果实扁圆球形，平均单果重 3.7 克，最大 4.1 克，果形端正，整齐美观。果柄长 2.18 厘米。果皮鲜红色，富光泽，色泽艳丽。果肉粉红色，味甜适口，可溶性固形物含量 14.2%，品质极上，核重0.178 克，半粘核，可食率 95.2%。裂果较轻。属极早熟品种。

早果性、丰产性强。幼树有腋花芽结果习性。嫁接苗露地栽植第 2 年即可结果。

五、红樱桃

(一) 品种来源

1979 年由烟台市农林局在本区发现的一个红色品种。

(二) 品种特性

单果重 8~9 克，色泽鲜红，果肉硬，果汁较多，酸甜适中，品质上等，一般年份 6 月上旬成熟，熟期集中，耐贮运，较丰产。适应性和抗病能力较强，是一个有发展前途的红色早熟品种。

六、明珠

(一) 品种来源

由大连市农业科学院于 1992 年以那翁×早丰杂交育成，2009

年 6 月通过辽宁省非主要农作物品种审定委员会审定并命名。

（二）品种特性

树势强健，生长强旺，幼树期枝条直立生长，长势旺，枝条粗壮。叶片特大，阔椭圆形，平均叶长 15.76 厘米，宽 7.92 厘米。叶基呈半圆形，先端渐尖；叶柄短粗；叶面平展，叶片厚，深绿色，有光泽；叶柄上着生 2 个红色肾形大蜜腺。每个花芽的花朵数为 1～4 朵，花冠大，平均直径 4.12 厘米。花瓣白色，5 瓣，近圆形，离瓣，部分重叠，雄蕊 32～39 枚，雄蕊与雌蕊柱头等高，花粉量大。果实生长期 45～48 天。

果实宽心形，整齐，平均单果重 12.3 克，最大 14.5 克。果柄长 2.3～4.0 厘米。果梗洼广、浅、缓，果顶圆、平，果皮底色稍呈浅黄，阳面呈鲜红色，有光泽。果肉浅黄，肉质较软，肥厚多汁，风味甜酸可口，鲜食品质上等，可溶性固形物含量 22%，总糖含量 14.75%。可滴定酸含量 0.41%。果核近圆形，粘核，果实可食率 93.27%。

树体萌芽率高，成枝力强，枝条粗壮。以中果枝花芽比例高。自花结实率低，宜以先锋、美早、拉宾斯、佳红、雷尼、红灯做授粉树。

七、美早（PC71-44-6）

（一）品种来源

美国华盛顿州立大学灌溉农业推广中心 1971 年由斯坦拉与早布瑞特杂交育成。大连市农业科学研究院 1988 年从美国引入。

（二）品种特性

果实为阔心形，果个大小一致，整齐度高。平均单果重 10～14 克。果顶稍平，果肩圆形，缝合线浅。果柄短粗。果皮全面紫红色，有光泽，色泽鲜艳美观。果皮中厚，硬度大，肉质脆，肥厚多汁，风味酸甜可口，可溶性固形物含量 18% 左右。果核近圆形，中等大小，半离核。耐贮运，果实成熟期比红灯晚 2 天。

树体高大，生长势强，树姿开张。该品种幼树生长旺盛，枝条粗壮，萌芽率和成枝力均高，结果较早，以短果枝和花束状果枝结果为主，成花容易，较丰产。自花坐果率低，需配置授粉树。

八、布鲁克斯

（一）品种来源

美国加利福尼亚大学戴维斯分校以雷尼与布莱特杂交育成。1988 年推出，基因型为 S1S9。山东省果树研究所 1994 年引入，2007 年通过山东省林木品种审定委员会审定。

（二）品种特性

果实中大，平均单果重 9.5 克，最大 13 克。果实扁圆形，果顶平，稍凹陷。果柄短粗，果皮鲜红至紫色，果肉硬脆，果肉紫红色，果味极甜，可食率 93.8%。耐贮运。

树势强健，树冠扩展快，树姿较开张，丰产。果实发育后期遇雨易引起裂果。果实发育期 45 天左右，成熟期比红灯晚 3 天。花期同于红灯，自花不实，需配置授粉树。需冷量 680 小时，适于保护地栽培。

九、早大果

（一）品种来源

乌克兰农业科学院灌溉园艺科学研究所育成。

（二）品种特性

果实圆形至宽心形，大果型，平均单果重 9 克，最大 15.8 克，果个整齐。梗洼浅，中宽。果皮红色至紫红色，富有光泽，较厚，果点不明显。果面蜡质层厚，晶莹光亮，艳丽美观，缝合线紫黑色，果顶处有明显隆起。果肉深红色至紫黑色，肉质稍软，韧性强，果汁多，酸甜可口，可溶性固形物含量17.9%，品质中上，果核近圆形，粘核，可食率达95%。裂果少，耐贮运。

树冠开张，枝条细软，新梢基部呈斜上至水平，前端呈斜下方生长，成花容易，以花束状果枝结果为主。结果早而丰产，果实发育期32～35天。自花不实。比红灯早熟5～7天。耐寒性较强。抗旱、耐涝、耐盐碱及抗病虫性中等。

十、佐藤锦

（一）品种来源

日本山形县东根市的佐藤荣助1912年以黄玉与那翁杂交育成。

（二）品种特性

果实短心形，中大，平均单果重6～7克，最近发现10克左右的大果类型。果面光泽美丽，黄色底上着鲜红色，果肉酸甜适度，风味浓郁，核小肉厚，可溶性固形物含量14%以上，酸含量0.5%以上，有的果实可溶性固形物含量达到16%～20%。果实6月上旬成熟，耐贮运。

树势旺，树姿直立，丰产稳产。该品种为现有樱桃品种中最佳者之一。

十一、早生凡

（一）品种来源

1989年烟台芝罘区农林局从加拿大引入。烟台市农业科学院果树研究所经5年调查研究，认为是一个成熟期早于红灯的优良品种。2005年6月通过山东省级专家验收，2006年6月通过山东省科技厅组织的成果鉴定。

(二) 品种特性

果实肾形，似品种先锋，果顶较平，脐点较小。单果重 8.6～9.3 克，结果多时，果个偏小。果皮鲜红色至深红色，光亮而鲜艳。果肉肥厚多汁，可溶性固形物含量 17.14%。缝合线深红色，色淡，不明显。缝合线一面果肉较凸，缝合线对面稍凹陷，两边果肉较凸。果柄两端粗，中间细，长 2.7 厘米。果肉、果汁粉红色。果核圆形，中大。成熟期集中，可一次采完。不裂果，无畸形。成熟期比红灯早 5～7 天。比意大利早 3～5 天。

树姿半开张，属短枝紧凑型，树势比红灯弱，比先锋强。萌芽率高，成枝力中等。成花容易，当年生枝条基部易形成腋花芽，而且结果能力强。以叶丛枝结果为主。叶丛枝寿命长，内膛不易光秃，结果早，极丰产。三年生树开始结果。自花结实率高。花期较耐霜冻。与常用砧木和栽培品种嫁接亲和力强。

十二、萨姆

(一) 品种来源

萨姆为加拿大品种。

(二) 品种特性

果个大，单果重 7 克，大者 9.1 克。果面紫红色，美观，肉质硬，汁多，酸甜可口。树体强健，长势旺，耐寒，丰产，抗裂果，是一个很有希望的授粉品种。

十三、早红宝石

(一) 品种来源

乌克兰梅丽托波儿灌溉园艺研究所 1995 年引进中国，由山东省果树研究所试验栽培。

（二）品种特性

果实宽心形，单果重 4.75 克。果柄长 4.51 厘米、较粗。果皮暗红色。果肉暗红色，柔软多汁，果汁红色，可溶性固形物含量 12.5%，风味较淡，鲜食品质中等，果核较大，离核，可食率 90.6%。果实发育期 30 天左右。

树体生长快，一年生枝能成花结果，以花束状果枝结果为主，连年结果，丰产。

十四、极佳

（一）品种来源

乌克兰梅丽托波儿灌溉园艺研究所 1995 年引进中国，由山东省果树研究所试验栽培。

（二）品种特性

单果重 7～8 克，果柄较粗，中长。果皮深红色。果肉深红色，半软，多汁，汁液浓，深红色，不透明，带有宜人酒味。果实发育期 35 天左右。

树体生长势强，树冠开张，连年结果，高产。

十五、奇好

（一）品种来源

乌克兰梅丽托波儿灌溉园艺研究所 1995 年引进中国，由山东省果树研究所试验栽培。

（二）品种特性

树体生长旺盛，树冠紧凑，骨干枝粗壮，直立，分枝多。叶片大，长卵形，叶基蜜腺肥大。对砧木适应性广，亲和力好。

单果重 7～10 克，最大 13 克以上。果柄长 3.27～3.72 厘米。果皮黄色带红晕。果肉淡黄色，多汁，较脆，果汁无色，味酸甜，可溶性固形物含量 16%～20%，糖含量 13.5%，酸含量 1.2%，果核圆形，离核，可食率 93.0%。丰产，耐储运。果实发育期 55 天左右。

十六、胜利

（一）品种来源

乌克兰梅丽托波儿灌溉园艺研究所 1995 年引进中国，由山东省果树研究所试验栽培。

（二）品种特性

树体生长势强旺，枝条密集，枝干较开张，枝条粗壮直立。叶片肥大，长卵形，叶缘锯齿，叶柄较短。芽体大，椭圆形。

果实扁平，圆锥形，顶部圆形，梗洼较宽，平均单果重 10 克，最大 15 克以上。果柄长 3.29 厘米。果皮深红色，果肉深红色，硬，风味甜，果汁鲜艳，深红色，可溶性固形物含量 19.3%。可食率 94.0%。耐储运。果实发育期 55 天左右。

对砧木适应性好。较耐寒，较抗病。结果较迟，嫁接后 4～5 年开始结果。

十七、友谊

（一）品种来源

乌克兰梅丽托波儿灌溉园艺研究所 1995 年引进中国，由山东省果树研究所试验栽培。

（二）品种特性

树体生长迅速，树冠圆头形，枝条密集，生长势中等，直立。

叶片中大，倒卵圆形，叶片向下弯曲，叶尖渐尖，叶基部近圆形；叶柄中等粗度和长度，蜜腺中大，卵形，棕褐色。

果实圆心形，平均单果重 8.7～9.9 克，过大平圆，梗洼较窄，果柄长 3.73～4.57 厘米。果皮深红色，有光泽，鲜艳，果皮中厚。果肉深红色，硬度大，半脆，风味浓，品质上等，可溶性固形物含量 15.1%～18.0%。糖含量 11%～12%，酸含量 0.96%，果核大，离核，可食率 94.0%。耐储运，果实发育期 60 天左右。

第二节　中晚熟品种

目前生产上应用较多，易与温暖地区的晚熟品种和冷凉地区的早熟品种同期成熟，市场竞争压力较大。中熟品种对栽培地点无特殊要求，我国广大樱桃适栽区均可栽培。实际生产中应选择粒大、色艳、抗裂果的优良品种，着眼于提高果品质量。在春季升温快的地区可作中晚熟品种栽培，错开大量上市时间，实现甜樱桃市场平稳供应。晚熟品种易受外界环境条件影响，如遇到干旱、水涝，易引起大量落果。果实发育期间遇雨或冰雹，易造成裂果和砸伤。由于果实发育期长。鸟兽害较重，生产成本高。所以，晚熟品种适于雨季来临较晚、冰雹等自然灾害少、鸟兽危害较轻的地区。要选择抗逆性强、病虫害轻、不裂果、不易落果的品种，以充分发挥其成熟期优势，实现高效益。

一、红玛瑙

（一）品种来源

为山西省农业科学院果树研究所从红艳的芽变中选育出的品种，2004 年 5 月通过山西省农作物品种审定委员会审定，2011 年获山西省科技进步二等奖。

（二）品种特性

树姿直立，树势较旺，枝条粗壮，节间较短，树冠紧凑。树干及多年生枝灰白色，皮光滑，1 年生枝灰褐色，较直立。叶片中大，长椭圆形，长 12～13 厘米，宽 6～7 厘米，浓绿色，先端渐尖，叶缘锯齿，叶柄细长，为 4 厘米左右。花白色，每花序多为 3 朵花，花梗长 3～5 厘米。

果实心形，果个较大，单果重 7～8 克，最大 10 克。梗洼深窄，果顶圆凸，果梗较长，为 3～4.5 厘米，与果实结合牢固，成熟时不落粒。果皮较厚，初熟时红黄色，后为鲜红色，充分成熟时为紫红色，有光泽，极美观。果肉紫红色，质较硬脆，汁液中多，味甜，可溶性固形物含量为 15.6％～18.0％，品质上。核较小，卵形，单核重 0.35 克，离核或半离核，果实可食率 93％。果实耐贮运，常温下可放 1 周左右，冷藏条件下可贮存 2～3 个月。果实生长期 50～55 天。

幼树生长迅速，一年生枝长达 1 米以上，有春梢和秋梢之分。成年树只有一次生长高峰，没有秋梢生长。一般栽植后 3 年开始结果，初果期以中长果枝结果为主，花芽多形成于枝条基部。随着树龄增大，中、短果枝及花束状果枝逐渐增加，直至成为主要的结果枝。自花不实，在良好的授粉条件下坐果率可达 70％以上。适宜授粉品种为龙冠、红灯、雷尼、美早等。栽植时，红玛瑙与授粉树比例以（4～5）：1 为宜。

红玛瑙抗寒，幼树期能耐－23℃低温，不冻枝、不冻花芽，较抗旱，流胶病很少发生，耐盐碱，在 pH 为 8 的土壤中可正常生长，完全能适宜山西中部及以南地区的环境。

因该品种干性强、生长快，适宜采用改良主干形进行整形。

二、佳红

（一）品种来源

大连市农业科学研究院育成。

（二）品种特性

果实宽心形，底色浅黄，阳面着鲜红色霞，有光泽，大而整齐，平均单果质量 10 克，最大 13 克。果皮薄，肉质较脆，肥厚多汁，风味酸甜适口。核小，粘核。可溶性固形物含量 19.75%，品质上等。较耐贮运。果实发育期 55 克左右，大连地区 6 月中旬成熟。

该品种树势强健，生长旺盛，萌芽力和成枝力强，为丰产品种。一般 3 年开始结果，5～6 年进入丰产期，连续结果能力强，丰产。

三、萨米脱

（一）品种来源

加拿大太平洋农业与食品研究中心 1973 年以先锋与萨姆杂交育成。1998 年由山东省果树研究所引入国内。

（二）品种特性

果实心形，果形大，单果重最大可达 15～17 克。果柄较长，为 4.5 厘米，在吉塞拉矮化砧木上腋花芽结的果果柄较短。果面浓红色，有光泽，肉质硬，风味酸甜，可溶性固形物含量 17.33%，品质佳，丰产性极好，采前遇雨不裂果。果实发育期 55 天左右。产量高而稳定。

树势强健，生长势旺。嫁接在矮化砧木吉塞拉 5 号和吉赛拉 6 号上，树势缓和，树姿开张，枝条粗壮，萌芽率高，成枝力强，一般栽植后 3 年结果。花芽大而饱满，1 个花芽多数开 2～3 朵花，花冠中等，花粉量大，开花较晚。与生产中常用品种亲和力强，坐果率高，生产中要注意疏果。与多种砧木，如马哈利、马扎德、中国樱桃、中国东北山樱桃、考特、吉塞拉、威鲁特无性系等嫁接亲和性均好。

抗逆性较强，耐涝，抗流胶病、炭疽病，叶片抗樱桃坏死环斑病毒（PNRSV）和洋李矮缩病毒（PDV）等病毒病。

四、黑珍珠

（一）品种来源

黑珍珠樱桃系中国樱桃的芽变优系，1993年由重庆南方果树研究所选出。

（二）品种特性

果实近圆形，果顶乳头状，平均单果重4.5克，果皮中厚，蜡质层中厚。底色红，果面紫红色，充分成熟后呈紫黑色，外表光亮似珍珠。果肉橙黄色，质地松软，汁液中多，可溶性固形物含量22.6%，糖含量17.4%，酸含量1.3%，风味浓甜，香味中等，品质极上。半离核，果实可食率90.3%。果实生长期55～60天。

树冠开张，树势中庸，萌芽力强，成枝力中等，潜伏芽寿命长，利于更新。以中短枝和花束状果枝结果为主，长枝只在中上部形成花芽结果，幼树以长果枝结果较多。成花易，花量大，自花结实率64.7%。对高温高湿环境适应性强，抗病力强，不裂果，采前落果极轻。

五、斯坦拉

（一）品种来源

加拿大品种。1994年由山东烟台果树研究所引入陕西铜川。

（二）品种特性

树势强，果实心形，平均单果重7克，最大10.1克。果面底色为淡黄色至紫红色，光泽艳丽，果肉浅红，肉质硬脆半离核，可食率 94.7%。汁多，酸甜适口，成熟后风味酸甜。在陕西铜川 5 月下旬成熟，极耐贮运，品质较佳。可自花结实，花粉多，是优良的授粉品种。早果丰产，是一个很有发展前途的品种。

短枝斯坦拉为其芽变品种，树形紧凑，早果丰产。

六、红丰

(一) 品种来源

1979 年由烟台市农林局在考察甜樱桃时发现的一个红色、硬肉、晚熟品种。

(二) 品种特性

果实大，平均单果重 7～8 克，大者 10 克以上，果面深红色，背腹面缝合线明显，果肉硬，汁较多，酸甜适口，6 月中旬成熟，成熟期较一致，耐贮运。

七、龙田晚红

(一) 品种来源

龙田晚红樱桃晚熟新品种，由辐射诱变而来，原品种来自加拿大，在国内诱变后代中筛选形成了晚熟新品种。该品种 2006 年通过了山西省农作物品种委员会的新品种审定。

(二) 品种特性

树体结果较早，丰产性强。该品种比红灯、红艳等樱桃主栽品种幼树结果早，通常在定植后第 3 年开始结果，同时坐果率高，丰产性强。在四年生樱桃园，单株产量为 2.2～3.5 千克，折合亩产 242～389 千克，明显高于红灯等生产主栽品种。

果实货架期长，品质优良。该品种果实发育期 50 天左右，在山西省中部地区 6 月 10 日左右成熟，果实货架期 7～10 天。该品种果实长圆形，底色浅黄，阳面鲜红或浅红色，有光泽，外观诱人；同时果肉浅黄色，硬脆，果汁较多，风味浓，口感佳，可溶性固性物含量 14.5%。

树体综合抗逆性强，栽培适应范围广。该品种综合抗逆性明显优于山西省樱桃栽培的现有品种，尤其抗越冬低温与抗流胶病，解决了山西省樱桃栽培上树体过大、结果较晚、越冬适应性差、树体容易流胶等生产实际问题，将山西省樱桃栽植范围由南部地区向北延伸到了中部地区，栽培潜力广阔。

八、晶玲

（一）品种来源

由山西省农业科学院果树研究所从乌克兰晚熟甜樱桃友谊中选出的优良变异。2009 年 4 月通过山西省林木品种审定委员会审定。

（二）品种特性

树姿半开张，干性较强，树势中庸，七年生树高 3 米，冠幅 2 米，新梢黄红色，一年生枝灰褐色，较直立，枝条粗壮，多年生树皮灰白色光滑。叶片披针形，叶面平滑，叶柄红绿色。花冠蔷薇形，白色，一个花序有 2～3 朵花，花单瓣，近圆形；花梗细长，绿色；萼筒绿色，钟状；萼片小，边缘无锯齿。

果实宽心形，平均单果重 9.5 克，最大 11 克；梗洼浅平，广圆形，果顶圆凸；果梗细长，不易与果实脱离，成熟时不落果。完全成熟时果皮紫红色，有光泽，较厚；果点多浅灰色；果肉浅红，较硬脆，汁液丰富，味浓甜，可溶性固形物含量 17%，总糖含量 12.8%，可滴定酸含量 1.14%；核较小，卵形，半粘，单核质量 0.43 克，可食率 95.5%，品质上。果实发育期 65 天，裂果轻，耐贮运。

栽植后第 2 年开始挂果，树体花量大，畸形花少。雌蕊败育率低，丰产，抗流胶、抗根癌。自花结实率低，适宜授粉品种如拉宾斯、斯特拉等。对肥水条件要求较高。

九、晚红珠（原代号 8-102）

（一）品种来源

大连市农业科学研究院育成的极晚熟品种，2008 年 6 月通过辽宁省非主要农作物品种审定委员会审定并命名。

（二）品种特性

果实宽心形，全面洋红色，有光泽。平均单果质量 9.8 克，最大果质量 11.19 克。果肉红色，肉质较脆，肥厚多汁，风味酸甜，较可口，可溶性固形物含量 18.1％，品质优良。核卵圆形、粘核。耐贮运。大连地区 7 月上旬果实成熟，属极晚熟品种。

该品种树势强健，生长旺盛，树势半开张，萌芽力和成枝力强，早果性和丰产性好，春季对低温和倒春寒抗性较强。因其极晚熟，雨季易裂果，建议避雨栽培。

十、艳阳

（一）品种来源

加拿大品种。由先锋和斯坦拉杂交育成，自花结实，果个特大，平均单果重 13.1 克，最大可达 22.5 克，果色深红，果味好，较耐贮，是一极有前途的栽培品种。

（二）品种特性

果实肾形或宽心形，平均单果重 13.1 克。果实成熟后紫红色，有光泽，果肉玫瑰红色，果汁红色，核中大，可食率 93.3％，酸甜适口，味道醇厚。果实发育期 55 天，属中晚熟品种。成熟期整齐，自花结实，花粉量大，是较好的授粉树。

十一、红南阳

（一）品种来源

该品种来源于日本。

（二）品种特性

树势强健，生长旺盛，树姿直立。萌芽率较高，成枝力较强，较丰产。果个特大，平均单果重 12～13 克。果实椭圆形，缝合线明显。果皮黄色，阳面鲜红色，外观艳丽。果肉硬而多汁，糖含量14％～16％，酸含量 0.55％～0.6％，风味醇美可口，品质极优。

十二、红手球

（一）品种来源

该品种为日本品种。

（二）品种特性

结果早，丰产性好。果实扁圆形或短心形，果个大，平均单果重 10 克以上，果皮全面浓红艳丽，口味浓甜，可溶性固形物含量20％以上。果肉硬，耐贮运，是目前成熟期最晚的大果型品种，特别适合在物候期较晚的地区发展。

十三、甜心

（一）品种来源

该品种为加拿大品种。2006 年引入陕西铜川。

（二）品种特性

平均单果重 9.59 克，果实红色，硬度大，风味好，极抗裂果。

树形紧凑，树势中庸，早实性好。在相同砧木条件下，其树体大小仅为拉宾斯的 60%，为矮化品种。自花授粉。

十四、拉宾斯

（一）品种来源

加拿大太平洋农业与食品研究中心于 1965 年以先锋×斯特拉杂交育成。1984 年开始对外推广。

（二）品种特性

果实宽短心形或近圆形，单果重 8.8 克，最大 12.6 克。果面鲜红色，色泽艳丽，肉质肥厚，硬脆多汁，味甜可口。半离核，果实可食率 96.1%。果实硬度大，抗裂果，品质佳。耐运输、贮藏。果实发育期 65 天左右。对赤霉素（GA$_3$）反应敏感，如在采前 4 周施用，可使单果重增加 20%，增加果实硬度，延迟 7～10 天成熟。

树势强健，树姿较直立，侧枝发育良好，具紧凑型树体特点。自花结实，花粉量大，可以为大多数品种做授粉树，被称为通用授粉品种。结果早，丰产性高，无采前落果。较耐寒、耐涝，抗细菌性流胶病、炭疽病能力较强，叶片抗樱桃坏死斑病毒（PNRSV）和洋李矮缩病毒（PDV）。

十五、雷尼

（一）品种来源

美国华盛顿州立大学农业试验站于 1954 年以滨库×先锋杂交育成。1983 年由中国农业科学院郑州果树研究所引入我国。

（二）品种特性

果实宽心形，底色浅黄，阳面呈鲜红色晕，有光泽，色泽较美。平均单果重 9.2 克，最大 12 克，果肉黄白色，质地较硬，风味酸甜可口，可溶性固形物含量 18.4％，鲜食品质极佳。离核，核小，果实可食率 94％。风味好，品质佳，耐贮运。大连地区 6 月下旬果实成熟。

该品种树势强健，树姿较直立，树冠紧凑，枝条粗壮，节间短，叶片大，萌芽力和成枝力较强。早果性好，丰产稳产。较抗裂果，适应性广。花粉多，自花不育，是优良的授粉品种。

十六、先锋

(一) 品种来源

该品种为加拿大品种。

(二) 品种特性

果个大，平均单果重 8.5 克，大者可达 10.5 克。果面浓红色，果肉肥厚，脆硬，汁多，品质佳。花粉多，是一个极好的授粉品种。6 月中下旬成熟，较抗裂果，丰产性极好，是一个值得推广的品种。

第四章

苗木繁育

优质的苗木是樱桃生产的基础，苗木质量的好坏不仅直接影响到树体生长的快慢、结果的早晚和产量的高低，而且对树体的适应性和抗逆性也有很大的影响。因此生产中要注意繁育优质、健壮的苗木。

第一节　圃地选择及整理

（一）圃地选择

优质苗木对土壤的需求较为严格，圃地应选择在地势平坦、背风向阳、土层深厚疏松、肥力较高、不积水且排水良好、有水浇条件的中性壤土或沙壤土上。

（二）圃地整理

育苗圃地要在入冬前按每亩撒施5 000千克优质有机肥作为基肥，施后深翻。第二年育苗前再耕翻一遍，耙平整细后进行细致的整地。

计划进行实生苗培育的地段，整地后做畦，一般畦宽2～3米、长8米左右，畦渠要配套。每亩要增施农家肥3 000～4 000千克、硫酸亚铁3～4千克，有地下害虫的地段要拌撒杀虫剂或毒饵，防治地下害虫。

计划进行压条苗培育的地段可根据规模整修，注意修好灌水渠道即可。

第二节　实生砧苗繁育

一、种子沙藏及催芽

中华樱桃、酸樱桃和毛樱桃通过选种可采用实生苗作为栽培种用。因其品质变异较大，现在已多作为实生砧木来用。

山樱桃或中华樱桃果实生长期短，采收早，所以胚发育往往不成熟。在培育樱桃实生砧木苗时，应采用充分成熟的种子。将采集的樱桃果实去果肉后搓洗干净，放在背阴处晾 2～3 天，浸水漂去秕籽，再用 20% 多菌灵 1 000 倍液浸泡 15 分钟消毒，用清水冲洗后进行沙藏。前期（6～10 月）正值高温，沙藏过程中一部分成熟度高的种子易发芽，此时应将种子按沙种比 5∶1 混合，放在恒温库或地下库沙藏保湿，温度控制在 5～7℃，沙子湿度以 50%～60% 为宜。后期（10 月至翌年 3 月）气温逐渐下降，将种子转入外界阴凉、干燥、不积水的地方进行沙藏，所用沙子湿度以 60% 为宜。沙藏期间注意检查沙子湿度，过干时应及时喷水。第二年 3 月初地温上升，种子开始萌动，根据播种时间及时催芽，催芽温度以 15～25℃ 为宜，湿度仍保持 60% 左右。当有 70% 左右种子裂嘴露芽时进行播种。

二、播种

1. 播种量　一般毛樱桃种子每千克为 8 000～14 000 粒，山樱桃每千克为 12 000 粒，每亩播量均为 7.5～10 千克。

2. 播种时期　春季土壤化冻后，5 厘米深地温稳定在 5℃ 以上时进行播种（山西晋中地区一般在 3 月下旬至 4 月上旬）。

3. 播种方式　采用 40 厘米×20 厘米宽窄行带状方式播种，带内距为 20 厘米，带间距为 40 厘米。采用深沟浅埋法覆土，有利于遮阴与节水保墒。先开 2 条相距 20 厘米、深 10 厘米的沟，如果土壤墒情好，将种子均匀播入沟内，种子间距 3～5 厘米为宜；如果土壤墒情差，可先浇水，待水下渗后播种。然后上覆 2～3 厘米细土。下种前沟底要平细，以便播种深浅一致。边播边在上面用树枝（或 8 号铁丝）和农用地膜搭高约 25 厘米、跨度为 40 厘米的小拱棚，以保湿保温。

三、播后管理

1. 通风炼苗 樱桃播后 10～15 天一般就会全部出苗，这段时间切忌灌水，如果土壤干燥，可在早晚揭起小拱棚一端喷水增湿。幼苗开始出土后，要勤检查，当气温高时，揭起小拱棚一端或两端通风降温，以防烧苗。一般拱棚内的最高气温不能超过 30℃，傍晚气温降低时扣棚保温。幼苗长出 4～5 片真叶时，逐渐在拱棚两侧划口通风，以适应棚外环境，晚霜彻底结束后把小拱棚全部去掉。

2. 肥水管理 撤棚后及时除草，当幼苗长到了 5～10 厘米时，看墒情可灌 1 次浅水，水深 4～5 厘米，即不超过幼苗高度。2～3 天后松土，同时施肥，每亩施尿素 2～3 千克，以利扎根。苗木旺盛生长期（6～8 月）应加强肥水管理，根据土壤干湿情况浇水 2～3 次，及时中耕除草。根据土壤肥力在 6～8 月的中旬可施速效性氮肥 2～3 次，每亩施 5～6 千克。追肥应在雨前或结合灌水进行。苗木生长后期（9～10 月）可结合喷药叶面喷施 0.3％磷酸二氢钾，有利于苗木充实。

3. 摘心促壮 苗高 20 厘米左右时，及时抹去靠近地面 10 厘米之内分枝，使基部茎干光滑，以利嫁接。苗高 30 厘米时摘心，促进苗木加粗生长，尽快达到可嫁接粗度。

4. 病虫害防治 樱桃幼苗病虫害很轻，病害主要为立枯病，虫害主要有蚜虫、金龟子、卷叶虫等。防治时可采用吡虫啉、杀螟松或菊酯类杀虫剂等，根据病虫发生时期及生活特性适时防治。

第三节　自根砧苗繁育

樱桃自根苗及自根砧苗的繁殖方法可分为分株繁殖、压条繁殖和扦插繁殖。

一、分株繁殖

分株繁殖多用于容易发生根蘖的青肤樱和中国樱桃。方法是利用树冠下面的根蘖于早春堆土，翌春扒开土堆，截取带根的蘖苗进行栽植或作为自根砧苗。

大叶型草樱桃的根颈周围易产生大量根蘖苗，生产中常通过分株繁殖将其作为樱桃砧木利用。

在春、夏季将根际周围长出的根蘖苗，培土 30 厘米左右，使其生根，秋后或第二年春发芽前把生根的萌蘖从植株上分离，集中定植或栽到苗圃地培养，以后供嫁接樱桃品种。

二、压条繁殖

生产中樱桃砧木苗压条繁殖的方法主要有直立压条和水平压条两种。应挑选一年生、株高 1 米以上、生长健壮、无病虫害的优良品种砧木苗作为繁育母株。

1. 直立压条　秋季或早春将樱桃砧木苗定植在繁育圃中。定植时首先按 1.0～1.5 米的行距挖深 30 厘米左右的沟，再按 50～60 厘米的株距将砧木苗栽入沟内，其根颈要低于地面。砧苗萌芽前留 5～6 个芽剪截，待芽萌发新梢长到 20 厘米左右时，进行第一次培土，厚约 10 厘米，新梢长至 40 厘米时再培一次土，厚 10 厘米。每次培土后均应追肥、灌水。以后加强综合管理，并根据情况适当培土。秋季落叶后，即可扒土，进行分株。

2. 水平压条　这是目前樱桃砧木苗繁殖应用较多的一种方法。

早春先按行距 1 米，开深 0.5 米、宽 0.2 米的沟，施足基肥，回填 0.3 米，踏实，再选好做母株的砧木苗，剪留基部饱满芽 0.6～0.7 米高。然后按 0.6～0.7 米株距顺沟斜栽于沟内，砧木苗与地面夹角为 30°左右，株距大致与苗高相同或略大于株高，栽后踏实并浇足底水。苗木成活后，侧芽萌发，将砧苗水平压到沟底，用小枝固定。当新梢长到 5～10 厘米时，每隔 15 厘米左右留 1 条，其余的抹去；当新梢长到 20 厘米左右时抹去基部 10 厘米以下叶片，培第 1 次土；以后随新梢生长，看情况培土 2～3 次。为促进苗木生长，于 6 月上中旬结合培土每亩施尿素 20 千克。苗木长势好的，可在 6 月下旬至 7 月上旬在圃内芽接品种，长势差的可在 9 月嫁接品种。秋季起苗时，分段截成独立的自根砧成苗或芽苗。

三、扦插繁殖

（一）常规扦插繁殖

1. 扦插圃建立 要选择在排灌设备齐全、土质肥沃的沙壤土或壤土上建扦插圃。前一年封冻前，每亩施入优质有机肥 4 000～5 000 千克和硫酸亚铁 25 千克，深翻、整平，修成畦面宽 90 厘米的苗畦。

2. 剪穗 结合栽培品种的冬季修剪剪下一年生枝，在贮藏窖内以湿沙贮藏。春季土壤化冻后，剪截长 15～20 厘米的插条即可进行露地扦插，一般采用斜插于苗畦内。插时第一芽与地面平，其上覆土 3～5 厘米，成活率可达 90%以上，当秋季即可作为自根苗定植。如果剪砧木枝条扦插，采取易于发根的青肤樱进行扦插繁殖，在秋季嫁接栽培品种，则成为品种芽苗，可移出苗圃进行栽植，也可就地再培养一年，成为常规嫁接苗，第二年秋后出圃。

3. 扦插方法 洛阳农林科学院果树研究所采用大棚套小棚的扦插方法取得很好的效果。具体方法是选择健壮无病虫的一年生大青叶枝条，剪成 10～12 厘米的插穗，插穗直径为 0.5～1.5 厘米。上端剪口距第一芽 1～2 厘米，为平面剪口；下端剪口为斜面。按每 50 根捆绑后，下端放在浓度为 200 毫克/升的 ABT-1 号生根粉中浸泡 10 小时，浸泡深度距上剪口 2～3 厘米。采用大棚为普通一面坡的半地下室日光温室，在其内设计小拱棚，苗床与地面平，宽 80 厘米，用竹竿做小棚架支架，拱棚中心高 50 厘米。扦插床面用多菌灵消毒后铺设地膜。地膜采用 0.008 毫米的聚乙烯膜，铺膜做到平展无皱，紧贴地面，封严压实。扦插密度为 20 厘米×10 厘米的行株距，插穗上剪口露出一个芽，使插穗与土壤紧密结合。小拱棚内相对湿度控制在 60%，温度不超过 30℃，以 25℃左右为好。秋季平均成活率达 90.7%，平均苗高 186.5 厘米，平均地径 1.26 厘米。

（二）倒插催根后扦插繁殖

1. 催根　利用嫁接苗春季剪砧剪下的砧木枝条或萌蘖条做插穗。先进行倒插催根，生根后再栽植。在砧木发芽前 1 个月进行倒插催根，一般在 2 月下旬至 3 月上旬开始。过早，温度低，催根困难，栽植后长时间不发芽；过晚，砧木芽已经萌发，难催出根来。

开始将插条剪成长 20 厘米左右的枝段，上端在芽上 1.0 厘米处平剪，下端在上剪口芽对侧剪成马蹄形斜口。按枝段的粗细、长短分级，每 50 根一捆并使下剪口在同一平面上，将下剪口放在浓度为 50～100 毫克/升的 ABT-2 号生根粉溶液中浸泡 4～6 小时后扦插。

在向阳地建阳畦，畦宽 1 米左右，深 30～50 厘米。长度视插条多少来定。畦底铺 6～8 厘米厚经过 1 000 倍液高锰酸钾消毒的细沙，将处理后的插条直立倒放在畦内沙层上，下剪口向上，并排在同一平面上。然后用细沙灌缝，浇透水，使沙与插条密接，插条周围与阳畦壁要有 10 厘米左右的沙层，插条上再铺 6～8 厘米厚的细沙，沙要喷透水，再覆盖塑料拱棚，拱棚膜顶距离细沙面 20～30 厘米即可。夜晚在棚膜上加盖草帘保温，白天揭起草帘，提高温度至 25℃左右。2 周后，剪口处即有愈伤组织出现，第 3 周可全部产生愈伤组织。第 4 周插条长出 1.0～1.5 厘米长的新根即可栽植。催根期间畦内要保持含水量在 60%～70% 为宜，干燥时要及时喷水。

2. 栽植 先在扦插圃的畦面内挖距离 30 厘米、深 15～20 厘米的栽植沟，将生根后的插条用 50% 多菌灵或 70% 代森锰锌 1 500 倍液蘸根，然后栽入畦面的沟内，株距 20 厘米，插条露出地面 1～2 个芽。注意不要碰断已形成的白色幼根。浇透水后覆盖地膜，正对插条顶端开孔露出插条，再用土覆孔，避免膜底产生水汽灼伤芽体。幼苗不耐旱，前期要多浇水，以利成活。新梢高 15 厘米和 30 厘米时各追肥一次，每亩追复合肥或果树专用肥 30 千克，施肥后浇水。秋后嫁接栽培品种。

（三）分段芽接扦插

秋季先选一定粗度、生长健壮的砧木枝条嫁接选定的栽培品种。具体时间一般在 9 月中下旬至 10 月初，气温在 21℃ 时最好，各地应根据当地气温情况掌握。在选好的砧木枝条距地面 10 厘米左右嫁接第 1 个栽培品种芽，培养作为留圃苗，然后每隔 20 厘米嫁接一个芽。直到顶部直径 0.5 厘米处。砧木嫁接过细虽也可嫁接成活，但开春扦插成活率低、长势弱。嫁接方法用带木质部的嵌芽接，嫁接口用塑料薄膜绑紧，不露芽体，下年春季扦插时再解绑。

落叶后，在留圃苗的芽的上方 1 厘米处剪下砧木枝条，同时在最上面的芽上留 1 厘米剪截。这样，成为带栽培品种接芽的砧木芽条。

将剪下的芽条按长度分级，用 5 波美度石硫合剂浸泡 5 分钟。有果窖或窑洞的可放在其内部的湿沙中，如无此条件，可在背阴处挖宽 1 米、深 60～80 厘米的贮藏沟，长度依芽条数量来定。沟底要平，铺 5 厘米厚的湿润细沙，将芽条竖立散放于沟中。芽条过长，可倾斜摆放，上端要齐平，不露出地面。芽条周围填充湿润的细沙，在其上面再覆盖 5～10 厘米厚的湿润细沙。进入严冬后，适当加盖土封盖沟顶。要经常检查调整温度和湿度，不能贮藏过深和覆盖过厚，避免春季因温度、湿度过高而使芽条霉烂。

3月上旬取出贮藏的芽条，在每个接芽上1厘米处剪截，剪口呈平茬，将每段下端剪成斜茬。解绑后将接芽未成活的枝段剔出，注意去除插条接芽附近的砧木芽，防止其插后萌发，节省以后的抹芽用工。按插条的长度分级，每50根捆成一捆，下端平齐。

催根方法同上述的倒插催根扦插。

有条件的可用电热毯催根。在阴凉通风处，将地面整平，按电热毯平面大小铺5厘米厚的干锯末，四周用砖垒起30厘米高的围墙，在锯末上铺塑料薄膜再铺上电热毯，在电热毯上再覆盖长宽都大于电热毯的塑料薄膜，然后铺上3厘米厚的湿润细沙。将成捆的插条下端在50～100毫克/升的ABT-2号生根粉溶液中浸泡5～10秒后，竖立摆放在上面，使下端插入沙中。捆间和四周填满湿沙。上端露出接芽，以防止受热提前萌发。用喷壶喷适量的水后，就可开始通电升温。在插床上不同位置插几个温度计。在插条下端温度要控制在25～28℃，有条件的可配置控温仪。扦插后要经常查看温度和湿度，根颈需要经常喷水。这样插条下端温度较高有利于发根，上端较冷可控制接芽萌发。一般半月左右即可生根。20天左右新根可长到1厘米以上。

插条生根后，可栽植到扦插畦内。加强管理，秋后为成苗。

第四节　苗木嫁接

一、接穗的采集和贮藏

选择自花结实率高、果实色泽艳丽、果肉硬、品质好的红灯、美早、龙田晚红、早大果、红玛瑙、拉宾斯、先锋、艳阳等品种。

接穗采自健壮的结果树或采穗圃。秋季嫁接，可采成熟好、芽饱满的一年生枝，随采随接。春季嫁接，可于当年2～3月采成熟良好、芽饱满的一年生枝，采后沙藏或用塑料袋包装置冷库中贮藏。

二、嫁接时期

一年中，甜樱桃嫁接的最适时机有 3 次：第 1 次从 3 月中旬开始，时间 40 天左右，此期多采用贴芽接（板片梭形芽接）、嵌芽接、单芽切腹接、单芽切接、劈接和舌接等方法；第 2 次在 6 月下旬至 7 月上旬，时间 20 天左右，主要采用贴芽接（板片梭形芽接）、嵌芽接和 T 形芽接；第 3 次从 9 月上旬开始，时间 10 天左右，此期一般采用贴芽接（板片梭形芽接）和嵌芽接。

甜樱桃嫁接受温、湿度影响较大，嫁接成活率低。春季 3 月下旬至 4 月上旬，或秋季 9 月上中旬嫁接为宜。过早，气温高，接芽易萌发；过晚，气温低，不易愈合，成活率低。具体时间应根据砧木基部粗细、接芽发育情况、工作量来决定。嫁接时如果苗圃干旱，要适当浇小水，以利提高成活率。

甜樱桃嫁接，春季选用单芽切接，秋季选用带木质芽接效果较好，嫁接成活率和接穗利用率高，接口愈合良好，苗木生长旺盛，操作简单。

三、嫁接方法

（一）枝接法

樱桃枝接方法很多，繁殖樱桃时，多采用切接法。其方法与桃、杏等相同，嫁接成活率达 90% 以上。

1. 单芽切腹接 甜樱桃春季嫁接的主要方法之一。

具体操作：先在砧木距地（或基部）5～8 厘米处平茬，在平茬处用修枝剪斜剪一个长 2.5～3 厘米的切口，接穗留 1 个芽，在芽下将两面削成长 2～3 厘米的斜面，有芽的一侧稍厚，无芽的一侧稍薄，削好后插入切口。插入时，稍厚的一侧向外，稍薄的一侧向内，使砧木与接穗形成层对齐，并包扎严密，做到不透水、不透气。注意芽眼处只包扎 1 层薄膜（厚度 0.006～0.008 毫米）。

2. 单芽切接 甜樱桃春季嫁接的主要方法之一。虽然嫁接速度较慢，但嫁接成活后生长旺盛，愈合良好。

具体操作：先将接穗削成长短两个削面，长削面长 2.5～3 厘米，短削面长 1 厘米左右，接穗留单芽（传统切接留 2～3 个芽）。在砧木上距地（或基部）5～8 厘米处平茬，在木质部一侧向下直切，形成 1 个直切口，长 3～3.5 厘米，将接穗长削面向内短削面向外插入切口，形成层对齐，如两面不能对齐，可一面对齐，用塑料膜包扎好。包扎方法同单芽切腹接。

3. 劈接 甜樱桃春季嫁接的常用方法（目前在胶东地区已为单芽切腹接法代替）。与切接不同的是，要将接穗削为两个相近似的削面，要求一侧较厚，一侧较薄。砧木从中间劈开，将接穗从中间插入，厚的一侧向外，薄的一侧向内，砧穗形成层至少一侧对齐，并包扎严密。包扎方法同单芽切腹接。

4. 舌接 在砧木与接穗粗度相差不大的情况下使用。优点是嫁接成活率高，缺点是嫁接速度慢。实际操作时，在距地 5～8 厘米处将砧木自下而上削成 2.5～3 厘米长的斜面，然后在削面顶端 1/5 处顺着枝条往下劈，劈口长 1.5～2 厘米，呈舌状。在接穗芽下背面削 2.5～3 厘米长的斜面，劈口与切砧木一致。把接穗劈口插入砧木劈口中，使砧木和接穗舌状交叉起来，然后对准形成层，向内插紧。砧穗接合好后，绑缚；接穗芽眼处只包扎 1 层薄膜（厚度 0.006～0.008 毫米）。

（二）芽接法

1. T 形芽接 夏季芽接时间一般在 6 月中旬至 8 月上旬，嫁接过早接穗幼嫩，芽体发育不充实，皮层薄，操作不易；嫁接过晚，枝条多已停止生长，接芽不易剥离，且砧木也不大离皮。严格掌握芽接时间是提高成活率的关键之一。

不同时间嫁接，要有区别地选择接穗和接芽，前期芽接时，要选用健壮枝条中部的 5～6 个饱满芽作为接芽用。后期芽接时，健壮接穗上，除基部和秋梢芽外，均可用作接芽。

櫻桃利用芽接成活率較低，所以芽接時應注意以下几个特点：

①在芽接季节，如果持续干旱，剥皮与成活都不好，必须在芽接前2～3天对砧木进行充分灌水以提高成活率。而嫁接后则忌灌水，以免引起流胶，影响成活。

②秋季所用的接穗，应在接前1～2天内采集停止生长较晚的一年生枝，及时摘除叶片。如果砧木生长较快，达到嫁接粗度时，也可在初夏进行嫁接。

③采用丁字形芽接时，削取的芽片应比苹果大1倍左右，削时先在芽的下部1～2厘米处开始往上削。上部到芽上0.8～1.5厘米处横切，可稍带木质部，然后剥下芽片，剥芽时要注意不使芽片表皮有破裂，否则不能使用。

④砧木上的T形接口需按芽片长度划开，然后将芽片轻轻放入，不能像苹果芽接时用芽片向下推，以防芽片表皮破裂和受伤。

⑤绑缚时要严密，必须将伤口全部绑严，接后15天就可以去除绑缚物，解除绑缚物过晚，会影响愈合组织的形成及成活率，但也不能过早。

2. 单芽腹接　接穗是利用带木质部的单芽，其削法与一般腹接相似，其大削面2～3厘米，小削面1厘米左右。砧木在离地面3～5厘米处选光滑的一面，用刀口斜切深达砧木直径的1/3～2/5，削面大小与接穗相同，然后将接穗的长削面靠砧木木质部插入，对准长削面与砧木切口的形成层，用塑料薄膜绑缚严密并培上湿土。

单芽腹接的优点是春、夏、秋季都可以接，克服过去不离皮不能接的弊病。同时省接穗，方法简单、省工，嫁接成活率高。缺点是春季接的接穗如贮藏不好，会影响成活率。

3. 板片芽接　板片芽接是山东省烟台市芝罘区在生产中摸索出的适宜樱桃的芽接方法。该方法将接芽削成条状，故又名板片条状芽接，还可以将接芽削成梭形，所以也称板片梭形芽接。无论哪种方法，接芽均带木质部，可以在全年进行，具体方法如下：

（1）切砧木。砧木粗度宜在0.7厘米以上，在据地面5～10厘米处选一段光滑面，沿垂直方向轻轻削成2.5厘米左右，深2毫米左右的长椭圆形削面，切好后先不要取下切片，而用拇指轻轻一按，使切片暂时黏贴在原处。

（2）削接。 芽接穗宜采集一年生枝，选用饱满芽作为接芽，切削接芽时，在接芽以下 1.5 厘米处下刀，将芽片轻轻从接穗上削下，削成长 1.5 厘米、宽 2 厘米左右的长椭圆形芽片。春季嫁接时可削成梭形。

（3）接合。 将砧木上削下的芽片取下，迅速把接穗芽片贴于砧木上，使两者形成层对齐，再用塑料薄膜包严绑紧即可。

第五节　苗圃管理

（一）适时解绑

嫁接后 10～15 天，检查接芽是否成活，如果接芽新鲜，有所膨大，叶柄一触就掉，表明已经成活。如叶柄与芽片萎蔫，则未成活。未成活的应及时补接。成活的接芽一般 25 天左右就可解绑，以免影响接芽萌发。

秋季芽接苗当年不急于解绑，待第 2 年春季剪砧萌发后再解除捆绑物。春季采用单芽切接的苗木，为了使接口愈合良好，防止风折及人为碰撞，影响成活率及出圃率，一般在苗木栽植前解除塑料捆绑物。对个别生长量大、接口处有勒痕的苗木可在圃地生长期解除或解松再绑上。

（二）秋季芽接苗培土

为保护接芽安全越冬，在北部地区冬季应考虑培土防寒，以免受冻。冬季气温不低地区可不培土。

（三）剪砧除萌

芽接苗成活后或在春季萌芽前，在接芽上方 1 厘米处剪砧，以促进接芽萌发。在砧芽萌发时要及时抹除砧木上萌芽，以免影响接芽生长，以后要看情况多次除萌，一般要 3～4 次。当品种新梢长到 20 厘米以上时，如本地区风较大还需在苗木旁插一支柱，用麻绳或塑料膜带将新梢固定在植株上，以防被风折断新梢。

（四）肥水管理

为了促进苗木生长，要加强肥水管理。根据干旱及苗木生长情况及时浇水、追肥。前期以氮肥为主，后期以磷、钾肥为主。每次追肥后都应浇水，并经常中耕除草。整个生长季节还可以进行 2～3 次根外追肥。为提高苗木的越冬抗寒能力，防止抽条，后期要适当控水控肥，以免苗木贪青徒长，组织不充实。

（五）病虫害防治

苗木生长期间要做好病虫害防治工作。萌发后，要严防小灰象甲，可人工捕捉，也可用 80％晶体敌百虫做成毒饵诱杀。6～7 月可选用 50％杀螟硫磷 1 000 倍液或 2.5％溴氰菊酯乳油 2 500 倍液防治梨小食心虫危害。7～8 月喷 1～2 次 65％代森锰锌可湿性粉剂500 倍液或 40％多·锰锌 600～800 倍液或硫酸锌石灰液（硫酸锌1 份、消石灰 4 份、水 240 份，充分混合），预防细菌性穿孔病，防治早期落叶病。为防治卷叶蛾、刺蛾类等害虫，可喷灭幼脲 3 号2 000 倍液或 50％敌敌畏乳油 1 000～1 500 倍液防治。

第六节　苗木出圃

（一）起苗前准备

一般苗木落叶后封冻前进行起苗出圃，起苗前根据土壤湿度，如土壤较干燥，要在前 2～3 天浇水。苗木的叶片全部摘除。

（二）起苗

起苗时要尽量保持根系完整，先剔除病虫和嫁接未成活的苗，然后根据苗木的高矮、粗细及根系发育情况等进行分级。用于当年计划秋季建园的，可直接栽植；留待来年春季建园的，可选择背风而不积水的地方，挖深 1 米左右的假植沟，将苗木斜放其中，然后培土，冬季较寒冷地区要将苗木全部埋起来，同时浇足一次透水以防整个冬季造成根系的失水。

包装外运的苗木，可按等级每 50～100 株扎成一捆，根部进行泥浆处理，同时用塑料袋包裹，防止根系失水。然后在每捆苗木根部系好标签，注明砧木、品种、规格、数量及产地等，即可交付外运。

樱桃苗木尚没有国标和部标，可参考河北省标准（表 4-1）。

表 4-1　樱桃苗木质量标准（河北）

项　　目	等　级		
	一级	二级	三级
苗高（厘米）	≥120	≥100	≥80
基径（厘米）	≥1	≥0.8	≥0.6
嫁接部位	愈合良好		
整形带饱满芽数（个）	≥6		
侧根长度（厘米）	≥20		
侧根数量（条）	4～6		
检疫对象	无		
病虫害	无		

第七节　无病毒苗繁育

果树病毒会使树体生长不良、产量下降、品质变劣，严重时，会使全园崩溃，给生产带来巨大的经济损失。20 世纪我国大量从国外引进欧洲甜樱桃，也带进了一些严重影响樱桃生长发育的病毒病。随着欧洲甜樱桃在国内的大面积推广栽培与无序的苗木繁殖，促进了病毒在植物体内的增殖和积累，严重影响经济价值。

国内自开展樱桃病毒病的研究以来，已经先后检测并报道了 7 种病毒，分别是李矮缩病毒（*Prune dwarf virus*，PDV）、李属坏死环斑病毒（*Prunus necrotic ring mottle spot virus*，PNRSV）、樱桃小果病毒（*Little cherry virus*，LChV）、樱桃绿环斑驳病毒（*Cherry green ring mottle virus*，CGRMV）、樱桃病毒（*Cherry virus A*，CVA）、樱桃坏死锈斑病毒（*Cherry necrotic rusty mottle virus*，CNRMV）、苹果褪绿叶斑病毒（*Apple chlorotic leaf spot virus*，ACLSV）。

由于至今对植物病毒尚无有效的治疗方法，只能通过培育无病毒苗木来达到预防的目的。

一、无病毒原种圃的建立

（一）脱毒材料母株选取

选取已经进入盛果期，经 3 年以上观察，品种纯正、生长健壮、外观无异常的植株作为待脱毒材料。

（二）脱毒（微茎尖培养脱毒法）

①早春从预选的植株上随机切取刚萌动变绿尚未展叶的饱满芽，或 3～5 月剪取抽生的嫩茎尖，取叶后作为外植体。

②用洗涤剂水浸 3 分钟后，流水冲洗 10 分钟，转入超净工作台上，70%酒精浸泡 6 秒，2%次氯酸钠灭菌 10～20 分钟，无菌水冲洗 3 次。

③用镊子取出上述切取的材料，利用解剖针在解剖镜下剥除其外部叶原基，切取 1.0 毫米以下茎尖分生组织（带 1～2 片叶原基），用无菌滤纸吸干水。

④将外植体接种于 MS 接种培养基上，置于 25℃恒温下培养，每天光照 2 000～3 000 勒克斯 14 小时，黑暗 10 小时，诱导丛生芽。

⑤丛生芽生长到 1～3 厘米高时，从其上切取 0.3 毫米以下分生组织，接种在 MS 培养基上进行培养，诱导丛生芽。

⑥将丛生芽或带 1～2 芽的茎段转入 MS 继代培养基上培养，2～3 周后，取苗高 2 厘米以上的新梢转移到生根培养基上，弱光

处理 5 天后，转入光下诱导生根。

⑦将试管苗移栽于温室，成活后检测。

(三) 脱毒（热处理法脱毒技术）

1. 樱桃品种盆栽苗脱毒　将盆栽苗放入人工气候室，光照度 10 000 勒克斯以上，32℃ 起始温度下预培养 3 天后，黑暗温度恒定 32℃，白昼温度每天增加 1℃，达到 37℃ 时，保持在白昼 37℃ 16 小时/天、黑暗 32℃ 8 小时/天，相对湿度 60%～80% 条件下，变温处理 18 天。剪取新梢顶部 0.5～1.0 厘米，嫁接到无病毒砧木上，成活后检测。

2. 樱桃砧木试管苗脱毒　选择继代培养 4～5 代增殖能力强的无性系热处理，变温处理 18 天后，剥取 0.4 毫米大小茎尖进行组织培养和继代扩繁，并进行检测。

待脱毒材料可直接经过病毒检测，筛选无病毒材料。

(四) 无病毒原种保存

应经有资质的检测机构认证，确定不带上述 7 种病毒后，即可作为无病毒原种进行保存。

原种保存圃与普通果园或苗圃应相距 100 米以上，搭建 300 目纱网室，封闭覆盖全圃，出入口设缓冲间，网室内土壤隔离覆盖。定植在花盆中，盆内土壤高温消毒，每个无病毒品种应保持 3 株以上，每株编号、挂牌标识，绘制定植图。加强肥水管理，保证树势健壮。

建立樱桃无病毒原种保持圃档案，记载品种、砧木的中文名称、外文名称、品系、株系、引进单位、来源、时间，脱毒、病毒检测的单位、时间及每年的观察记录等。

二、无病毒母本圃的建立

(一) 圃地选择和设计

母本圃地应选择未栽植过果树的地块。全圃封闭覆盖 300 目纱网，与普通果园或苗圃距离应大于 100 米。

建圃前按品种采穗圃、砧木采种圃和无性系砧木圃进行区划。设计好排灌系统、道路、建筑物等，并进行土地平整、土壤改良和土壤消毒。

（二）定植

无病毒母本圃所采用的繁殖材料应全部直接来自樱桃无病毒原种保存圃。准确记载品种、砧木、原母株株系，脱毒、病毒检测的单位、时间等。

无病毒品种采穗圃和砧木采种圃行株距为（2～4）米×（1～2）米；无性系砧木圃行株距为（2～3）米×（0.5～1）米。按品种成行栽植，同一品种栽在一起，定植后绘制定植图，做好标记，不得混杂。每株母本树都要赋予一个唯一的编号。编号由品种名称、原种圃母株株系编号和本株的编号共同组成。按照编号给每株母本树挂牌。

（三）苗圃管理

加强母本圃肥水管理和病虫害防治，保证树势健壮。无病毒无性系砧木圃应每年短截更新，不可在母本圃内嫁接。圃内工具要专用，修枝剪等修剪工具每株使用前要用 70%酒精消毒。

三、无病毒苗繁育

1. 苗圃建立 选择没有栽植过果树及苗木的地段建圃，苗圃应与普通苗圃间隔 3 000 米以上。如全封闭覆盖要用 100 目防虫网，距普通苗圃 50 米以上。

其余与普通苗圃相同，作好道路、排灌系统、小区规划及土壤消毒等。

2. 砧木繁育 实生砧木繁育，种子要采集自无病毒母本圃。无性系砧木繁育采用分株、压条、扦插、组织培养等方法，材料选自无病毒母本园。注意做好标记，不可混杂。

3. 嫁接及管理　接穗采集应选自无病毒母本圃。嫁接方法及嫁接后管理、出圃都同于普通苗圃。

四、病毒检测

1. 病毒检测方法

（1）木本指示植物检测法。李矮缩病毒、李属坏死斑环病毒、樱桃小果病毒、樱桃绿环斑驳病毒、樱桃坏死锈斑病毒、苹果褪绿叶斑病毒可以采用木本指示植物检测法进行检测。

（2）酶联免疫吸附检测法（ELISA）。能获得抗血清的樱桃病毒可以采用 A 蛋白酶联免疫吸附法（PAS-ELISA）进行检测。

（3）反转录—聚合酶链式反应（RT-PCR）检测法。樱桃各种病毒均可采用此方法进行检测。

2. 无病毒原种、无病毒母本园及无病毒苗木的监测　每 1～2 年要进行一次检测，平日注意观察，发现有病毒症状及时处理、销毁。

第五章
樱桃园的建立

第一节　园地选择

　　樱桃园地选择应掌握的原则：樱桃园最好选择海拔较高、平坦、土壤肥沃、土层深厚、疏松、湿润、保肥保水能力强，呈中性或微酸、微碱性，排水和灌溉条件良好的地段建园。黏重土壤不适宜作为樱桃园。最好背风向阳，周围有挡风物可以防风，不易受风害的地段。要求果园空气、水源、土壤无污染，周围无金属、重金属矿和化工等污染企业。不适宜在黏土地、盐碱地、低洼地和地下水位过高的地方建园。樱桃果实不耐运输，因此建园要选交通方便的地点。

　　如果要在黏土地上建立樱桃园应进行大量的改土工作。①增加土壤有机质，每年秋季结合施肥，大量施入有机肥和腐殖质；②结合秋季施基肥进行扩坑、掺沙。每年沿树坑外缘向外扩30～40厘米，而且比一般施肥沟要深，最好在60厘米左右，一般通过3～5年可以改土完成。

　　在盐碱地和低洼地上建立樱桃园，首先选择耐盐碱的品种，同时应改平地栽培为台地栽培。其方法是，在行间挖沟，一般每隔两行在行间挖上宽1～1.2米、底宽0.5～0.6米、深1米的沟，并结合大量增施有机肥进行改进。

第二节　品种配置

　　要根据不同生态条件、栽培技术选择相应的砧木和品种，如土壤肥沃的低丘陵地和平原地，可选择矮化、抗根癌病和病毒病、抗逆性和适应性强的吉塞拉5号砧木。土壤较贫瘠的山岭地可选择半矮化、丰产性强但结果晚的乔化品种。在气候较温和、物候期较早的地区可选择早果丰产、果个大、硬度高、市场热销的品种，如红灯、早大果、美早、萨米脱等早熟和早中熟品种为主，适当搭配一些果个大、品质好、硬度高、抗裂果、丰产性强的胜利、友谊、拉宾斯、红玛瑙、龙田晚红等中晚熟品种。

樱桃为自花不孕的果树，有些甜樱桃品种虽有自花结实能力，但绝大多数是异花授粉，所以必须配置授粉树。配置授粉品种时除考虑授粉亲和力强、花期相同外，还有考虑果实品质好、经济价值高的品种。同时还应考虑早、中、晚熟，生食和加工以及耐运输品种之间的搭配。一般可选择红蜜、桑提那、拉宾斯、斯坦勒等品种。通常要选择2～3个品种作授粉树。可以4∶1∶1作为配置比例。

据山东烟台试验认为，主栽品种与授粉品种相距9～16米时，坐果率可稳定在30%左右。所以主栽品种和授粉品种之间的距离要近，可以隔两行栽植1行授粉树，或每两行栽植1个品种（表5-1）。

表 5-1　樱桃主栽品种的适宜授粉品种

主栽品种	适宜授粉品种
红灯	佳红、巨红、滨库、红蜜、大紫、那翁、先锋、斯坦勒，雷尼、拉宾斯
芝罘红	红灯、那翁、水晶、斯坦勒、滨库
意大利早红	红灯、芝罘红、拉宾斯、先锋
雷尼	滨库、先锋、养老、那翁、红艳、斯坦勒
早大果	拉宾斯、莫利、早红宝石、红灯、龙冠、先锋
巨红	红灯、佳红、雷尼
滨库	大紫、先锋、红灯、斯坦勒
大紫	早紫、黄玉、水晶、小紫、那翁、先锋、红灯
那翁	早紫、大紫、水晶、红灯、先锋、红蜜

（续）

主栽品种	适宜授粉品种
早紫	黄玉、那翁、大紫
小紫	大紫、那翁、磨把酸
鸡心	黄玉、大紫、早紫
黄玉	日之初、大紫、滨库、那翁
佳红	巨红、红灯
美早	萨米脱、先锋、拉宾斯、雷尼
布莱特	雷尼、先锋、拉宾斯、斯坦勒
先锋	滨库、那翁、雷尼、佐藤锦、红灯、斯坦拉、兰伯特
早丰	大紫、那翁
萨米特	甜心
拉宾斯	斯特拉
友谊	宇宙
佐藤锦	大紫、斯坦拉、那翁、滨库、雷尼、拉宾斯

表5-2　樱桃品种自花授粉的坐果率

品种	坐果率（%）	备注
萨米特	1.97	2007年和2008年两年坐果率平均值
先锋	1.30	
美早	1.52	
雷尼	2.30	
甜心	28.9	
拉宾斯	37.4	
斯特拉	33.1	

第三节　栽　　植

1. 苗木选择　苗木要选用茎秆挺直健壮，高100～120厘米，基径 0.8 厘米以上，芽体饱满，接口愈合良好，根系完整发达，无病虫害、无损伤、无失水的二年生嫁接苗。栽植前按大小和根系优劣对苗木进行分级，将断根剪平，用 3 倍液的根癌宁或 600 倍液 50% 多菌灵蘸根消毒。

2. 栽植密度 一般密植园采用 4 米×3 米的行株距，每亩栽植 56 株；稀植园采用 5 米×（3～4）米的行株距，每亩栽植 33～44 株。栽植行方向尽可能为南北向。

采用 3 米×2 米行株距方式栽植的密植园，因这种栽培方式在结果初期相对较好，但由于甜樱桃生长势较强，进入结果盛期后会造成果园郁闭，必须加以间伐，如果惜树不伐，果园病虫害逐渐加重，以致导致树势衰弱或树体死亡。

3. 栽植时期 樱桃的栽植时期分为秋季栽植和春季栽植，但以秋季栽植为好。秋季栽植需在苗木落叶后至土壤封冻前进行，定植后由于根系还没有停止活动，有利于根系的恢复和翌年植株的生长。我国北方冬季寒冷、干旱、多风，必须注意栽植苗木的防寒保水，防止失水抽干，进行越冬保护，所以多选择春季栽植。春季栽植需在土壤解冻后至苗木萌芽前进行，由于土温比气温升高的快，有利于根系的提前活动，恢复吸收功能，提高定植成活率。

4. 栽植前准备 栽植前对全园的土壤进行深耕熟化。通常挖 1 米见方的栽植穴或按行距挖深 0.8 米、宽 1～1.5 米的栽植沟。注意将表土与底土分开放置。每亩要在穴内或沟内垫 1 000～1 500 千克的秸秆、杂草，然后填入 2 000～3 000 千克土杂肥，回填后浇水压实。

5. 栽植方法 栽植时按行株距在栽植沟上挖长、宽、深为 40 厘米、30 厘米、25 厘米的栽植穴，每穴再混入尿素 50 克、磷酸二氢钾 25 克、硫酸钾 50 克，或者复合肥 200 克左右和有机肥 2.5 千克，混合均匀后回填。

将苗木放入穴（沟）内，使根系舒展，随填土随摇动苗木，并用脚踏实，使根与土壤密接。栽后立刻浇水，水渗后可在苗木树干基部盖上 1.2 米宽黑色地膜，能起到防寒、抗旱作用，可提高苗木成活率。

6. 栽后管理 我国北方春季气候变化剧烈，温度上升快，干旱少雨。在苗木定植后需对地面进行地膜覆盖，以利于土壤保墒，提高土温，促进根系提前活动，确保栽植成活率，可使幼苗提早萌芽、生长，并抑制杂草，减少田间管理用工。

栽植后除及时灌水、中耕除草外，要注意病虫害的防治，合理间作。病虫害以细菌性穿孔病、桑白蚧、潜叶蛾、大青叶蝉容易发生，如果发生采取相应防治措施。

第六章
樱桃园管理

第一节　土壤管理

在建园前深翻改土的基础上，幼龄园每年秋季结合施基肥进行扩穴深翻，深度为 0～60 厘米。一般 3～5 年完成全园的扩穴深翻，开始大量结果后不再深翻，可在初冬进行浅翻，以减少根系的损伤。

土壤深翻可以疏松和熟化土壤，使深层土壤透气良好，有利根系的生长。但深翻时应注意保护粗根。一次深翻的面积不应过大，应分年加宽加深，以免造成大量伤根。因为樱桃根粗，伤根后恢复慢，容易感染根头癌肿病，以致树势衰弱，造成树体的枯死，在进行深翻时要细心。樱桃深翻时期以秋季落叶后到根系开始活动前为宜。

在山地建立的果园，一般土层浅、肥力差，而平地果园，一般土层厚，但透气性差。可以通过深翻扩穴，增加土层厚度，改善土壤通气状况，结合施有机肥，改良土壤结构，以利于根系生长。

深翻扩穴的方法：幼树定植后，从定植穴边缘开始，结合秋施基肥，每年向外扩穴，挖宽约 50 厘米，深 60 厘米的环状沟，填上好土和农家肥，直到两棵之间深翻沟相接。另外灌水后和雨后要进行松土，这样一方面可以保水，改善土壤通气性能，防止土壤板结；另一方面可以清除杂草。中耕松土的深度一般为 5 厘米左右，以防止伤到粗根。

到盛果期后，果园地面可实行台田式管理，即在行中间挖深 30～50 厘米，宽 50～100 厘米的沟，将挖出的土培到树行间，抬高栽植行的高度，以利于排水和灌水。

日常果园的土壤管理有多种模式，如清耕法、生草法、覆盖法、间作法等。现在大部分果园摒弃了传统的清耕法，多以生草法和覆盖法模式进行土壤管理。

生草法的方法：在果树行间单播或混播多年生豆科或禾本科绿肥牧草植物，或者利用当地的自然植杂草，全年视其生草情况和需要，定期收割置于原地或移至树盘作为覆盖材料之用。并对收割后的生草根茬追施无机肥料，而果树株间则采取覆盖园艺地布进行防草。

生草法的优点：能改善土壤理化性状，促进土壤团粒结构形成，提高土壤有机质含量，进而提高果品产量。以日本青森县果树试验站 5 年的试验结果为例证实，同清耕法相比：

①直径为 2.5 毫米的土壤团粒结构数量提高 4 倍左右。

②水流失量减少约 1/2。

③土壤流失，清耕区为每 1 000 米^2 2 028 升，生草区为 17 升。

④土壤有机质含量，清耕区由 0.81% 下降到 0.47%，而生草区则由 0.81% 上升为 0.84%。果品产量平均提高约 30% 左右。生草法还有大量节省劳力和在炎夏降低地表温度的作用。

生草法的缺点：在一定的生草时期内，生草与果树之间有争水争肥矛盾，而且在果园土壤肥力低，肥水条件又较差的情况下，此矛盾尤为明显。另外，果园长期生草，易引起果树根系上翻。

比较常用的绿肥作物有白三叶、紫花苜蓿、毛叶苕子、红豆草等，考虑到樱桃根系呼吸较强，而且根系分布较浅，所以，以根系较浅的白三叶作为樱桃园的生草作物较好，同时在播种时，仅限于行间树冠投影外。将白三叶割刈后可覆盖在树盘内，秋季施基肥时，填入施肥沟内。

白三叶播种期不严格，春、夏、秋均可播种。每亩播种量0.5～1 千克。播前要精细整地。条播时行距 30 厘米左右，深 0.5～1 厘米。也可撒播。

为减轻树行内除草用工，在行内进行地布覆盖，行间种植三叶草或其他草种，是一种较为简便的管理模式。

第二节 施肥管理

施肥原则是以有机肥为主、化肥为辅，实行配方施肥，提高土壤肥力和土壤微生物活性。所施用的肥料对树体生长、果实发育及果园环境没有不良影响。

一、樱桃需肥规律

樱桃树在年周期发育过程中，对叶片分析得知叶片中氮、磷、钾的含量以展叶期中最高，此后逐渐减少。钾的含量在10月回升，并达到最高值。所以，从展叶至果实成熟前需肥量最大，采果后至花芽分化盛期需肥量次之，其余时间需肥量较少。

据研究，每生产100千克鲜樱桃，需要氮1.04千克、五氧化二磷0.14千克、氧化钾1.37千克。在年周期发育中需氮、磷、钾的比例大致为1：0.14：1.3，可见对氮、钾需要量大，对磷需要量则少得多。对微量元素的需求则以硼为重要。硼对于樱桃树的花粉萌发、花粉管的伸长起到明显的作用，可以提高花粉粒的活力，参与开花和果实的发育。

在不同的树龄段，对养分的需求存在如下差别：

①三年生以下的幼树树体处于树冠扩展期，营养生长旺盛，这个时期对氮需要量大，施肥时应以氮肥为主，辅助适量的磷肥。

②对三至六年生的初果期树，树体开始由营养生长为主转入生殖生长，需促进花芽分化，施肥时要注意控氮、增磷、补钾。

③七年生以上树进入盛果期，树体消耗营养较多，要满足树体对氮、磷、钾的需要。要加大施肥量，以满足果实生长需要的营养。在果实发育阶段补充钾肥，可提高果实的产量和品质。

樱桃施肥分为基肥和追肥。施肥方式以根际施肥为主，叶面施肥为辅。

二、根际施肥

(一) 秋季施基肥

樱桃从开花到果实成熟约 2 个月的时间，开花、展叶、抽梢、果实发育等主要生长发育阶段，都集中在前半期完成，花芽分化也在采果后很快进行，需要营养供给非常集中。特别是 4～5 月，所需营养非常高，而这时温度较低，肥效缓慢，树体吸收的营养有限，生长发育所需要的营养绝大部分来自树体的贮藏营养。因此，早秋施基肥是樱桃施肥的关键，施肥量要占到全年施肥量的 70%。

1. 施肥时间　施基肥时间在 9 月中下旬至 10 月上旬落叶前，落叶较早的地区，还要适当提前。可结合果园深翻进行。

2. 施肥量及方法

(1) 幼龄果园。 一般每亩施优质有机肥 2 000～3 000 千克，或生物有机肥 300～500 千克，加果树专用肥 100 千克、过磷酸钙 50 千克。施肥方法可采用环状沟施、放射状沟施或穴施，为了避免一次断根过多，影响树势生长，可每年施树的一半，2 年完成一圈。

(2) 成龄果园。 每亩要施优质有机肥 4 000～5 000 千克或生物有机肥 800～1 000 千克，加果树专用肥 150 千克、过磷酸钙 100 千克。施肥方法可采用放射状沟施或全园撒施，同时每年要施入硼、锌、铁等微量元素肥 2～5 千克。施肥后要灌水。

面积较小或零星栽植的树可按幼树一般每株 25～50 千克，盛果期大树每株 100 千克左右的量计算施入。

3. 具体操作　幼龄树采用环状沟施法的具体操作为结合深翻扩穴，在树冠外围投影处挖宽 30～50 厘米、深 20～40 厘米的沟将肥料施入。稀植的成龄树如用放射状沟施，在离树干 50 厘米处向外挖辐射沟，靠近树干一端宽度及深度 30 厘米，远离树干一端为 30～40 厘米，沟长超过树冠投影处约 20 厘米，沟的数量为 4～6

条，每年要改变施肥沟的位置。密植园则结合扩穴，每年在行间开沟，3～5 年内将全园深翻深施一遍。

（二）春夏追肥

樱桃果实发育期短，需要养分集中，故追肥时期应在发芽前、谢花后和果实膨大期结合灌水追肥 3 次，追肥以化肥为主。发芽前以氮肥为主，谢花后以氮、磷、钾、钙配合施用；果实膨大期以钾肥为主。

（三）采收后追肥

樱桃采收后应进行一次追肥，这次施肥目的是恢复树体的生长发育，促进花芽分化，以保证提高来年的产量。这次追肥用优质有机肥土粪为主配合复合肥等，为了避免断根过多，可以采用穴施法。追肥后要灌水。

三、根外追肥及喷施生长调节剂

根外追肥宜在阴天或晴天的早晚施，可配合追肥进行。萌芽前喷 1 次尿素 50 倍液＋硫酸锌 50 倍液；花期喷 0.3％尿素＋0.1％～0.2％硼砂＋0.2％磷酸二氢钾，可提高坐果率，以增加产量。谢花后喷 1 次含锌、钾、钙的液体肥料；果实膨大期喷 1 次液体肥料加硫酸二氢钾 300 倍液。采果后，经 10 天左右开始花芽分化，新梢几乎停长，需肥多，除地面追肥外，每隔 15 天喷 2～3 次复合液体肥料。

绿色营养保健型果品——富硒果品，如富硒苹果、富硒梨、富硒草莓等，越来越受到人们的重视。据报道，樱桃通过喷洒亚硒酸钠可得到硒含量为 0.222 微克/克，比对照高 0.179 微克/克的富硒樱桃。具体方法为取 2.5 克亚硒酸钠，加入尿素 0.5 千克和磷酸二氢钾 0.5 千克，兑水 250 千克（浓度为 10 毫克/升），在落花后 5 天和成熟前 15 天各喷一次。喷 2 次的效果要比喷 1 次的效果好，但加大浓度，如喷 20 毫克/升，则会产生药害，叶片出现灼伤、萎蔫、干枯等症状，特别要注意。

四、营养诊断

通常主要根据树体的长势长相以及枝条、叶片、果实、根系等特有的症状来判断某些矿质元素的盈亏，并以此来指导施肥。其中除外观形态观察外，以叶分析应用最多，一般在盛花后的 8～12 周，随机采取外围中部新梢的中部叶片，每个样点采取包括叶柄在内的 100 片完整叶片进行营养分析，根据表 6-1 相比，诊断树体营养状况。叶片含量高的应减少或停止施用，含量不足的要适当加大用量。

表 6-1　营养诊断

元素	成叶含量			缺素症状	缺素补救方法
	正常	缺乏	过剩		
氮	22～26 克/千克	<17 克/千克	>34 克/千克	叶片小而淡绿，较老叶呈橙色、红色甚至紫色。提前脱落；枝条短，树势弱，树冠扩大慢。坐果率低，花芽少，果小，产量下降，果实着色好，提前成熟	培肥土壤，合理施肥，喷 0.3%～0.5%尿素 2～3 次
磷	14～25 克/千克	<9 克/千克	>40 克/千克	叶色由暗绿色转为铜绿色，严重时为紫色；新叶较老叶窄小，近叶缘处向外卷曲，叶片稀少，花少，坐果率低	碱性土壤可施过磷酸钙，喷 1%～3%过磷酸钙溶液 2～3 次
钾	16～30 克/千克	<10 克/千克	>40 克/千克	叶片初呈青绿色，叶片与主脉平行向上纵卷，严重时呈筒形或船形，叶背面赤褐色，叶缘呈黄褐色焦枯，叶面出现灼伤或坏死；新梢基部叶片发生卷叶和烧焦症状；枝条较短，叶片变小，易提前落叶	增施有机肥、钾肥，喷 0.3%～0.5%磷酸二氢钾

（续）

元素	成叶含量			缺素症状	缺素补救方法
	正常	缺乏	过剩		
钙	14～40 克/千克	＜8 克/千克	＞35 克/千克	先从幼叶出现淡褐色和黄色斑点，叶尖及叶缘干枯，叶片易变成带有很多孔的网架状叶，大量落叶，小枝顶芽枯死，枝条生长受阻，幼根根尖变褐死亡	控制氮、钾肥，喷硝酸钙 0.3%～0.5%溶液
镁	3～8 克/千克	＜2 克/千克	＞11 克/千克	叶脉间褐化和坏死，叶色亮红色或黄色坏死，叶片提前脱落	施含镁肥料，喷硫酸镁或硝酸镁 1%～2%溶液
铁	100～250 毫克/千克	＜60 毫克/千克	＞500 毫克/千克	初期幼叶失绿，叶肉呈黄绿色，叶脉绿色，整叶呈绿色网纹状，叶小而薄；严重时叶片出现褐色的枯斑或枯边，逐渐枯死脱落	改良土壤，施用铁肥，喷硫酸亚铁 0.2%～0.5%溶液
锌	20～60 毫克/千克	＜15 毫克/千克	＞70 毫克/千克	表现小叶，叶片出现不正常的斑驳和失绿，并提前落叶，枝条不能正常伸长，节间缩短，枝条上部呈莲座状	土施硫酸锌，喷硫酸锌 0.1%～0.3%溶液
锰	40～160 毫克/千克	＜20 毫克/千克	＞400 毫克/千克	叶片失绿，叶脉保持绿色；失绿叶缘开始到叶脉开始失绿，枝条生长受阻，叶片变小，果实小，汁液少，着色深，果肉变硬	叶面喷 0.05%～1.0% 硫酸锰液，施用钙镁磷肥，预防锰中毒
硼	20～60 毫克/千克	＜15 毫克/千克	＞80 毫克/千克	春季芽不萌发，或萌发后萎缩死亡，叶片变形带有不正常的锯齿叶下卷或呈杯状；小枝顶端枯死，生长量小；受精不良，大量落花落果，果实畸形，缩果和裂果，果实可产生数个硬斑，硬斑逐渐木质化	种绿肥，改良土壤，增施硼肥，喷 0.2%～0.3%硼砂溶液

第三节　水分管理

樱桃根系较浅，呼吸旺盛，既不抗旱，也不耐涝。因此，要做到适时浇水和及时排水。

（一）适时灌水

一至二年生的幼树要勤浇水、浇小水，以后正常年份每年浇水5～6次，结果后主要应注意以下几次水：花前水、硬核水、采后水和封冻水。

（二）及时排水

樱桃树最怕涝，在栽植时采用高垄栽植和地膜覆盖，可以防止幼树受涝，对于大树要求行间中央挖深沟，沟中的土堆在树干周围，形成一定的坡度，使雨水流入沟内，顺沟排出。对于受涝的树，天晴后要深翻土壤，加速土壤水分蒸发和通气，尽快使根系恢复功能。

灌水以微喷和滴灌为宜。土壤含水量一般要求稳定在田间最大持水量的60%～80%。一般发芽前灌1次水，生理落果后和果实膨大期如土壤水分适宜，可不灌水，要特别注意保证硬核期的水分供应，以免造成大量落果。每次施肥后要及时灌水，在雨季要及时排水。初冬封冻前要灌足越冬水。

第四节　花果管理

一、花期管理

1. 人工辅助授粉　在铃铛花期采花并制成混合花粉，用人工点授的方法，随花开随点授。或用鸡毛掸在花期不同品种花朵上轻轻摩擦滚动进行授粉，时间以上午10时至下午4时为宜。

2. 花期放蜂　在花前按每亩放200头的标准释放角额壁蜂，

或在花期按 0.3～0.4 公顷放 1 箱的标准释放中华蜜蜂。

3. 喷施微量元素 在初花期、盛花期连续几次喷施 0.5％硼砂＋0.2％尿素＋0.1％蔗糖，盛花末期喷施 0.5％硼砂＋0.2％尿素＋0.1％磷酸二氢钾，可减缓花期高温干燥对柱头花粉萌发产生的不利影响，提高受精率（表 6-2）。在花期进行根外追肥和喷施生长调节剂对樱桃的坐果率有一定的影响（表 6-3）。

表 6-2 喷施硼砂、尿素对樱桃坐果率的影响

| 品种 | 处理 | | 喷施时间 | | 调查花朵数 | 坐果数（个） | 坐果率（％） |
	种类	倍数	月/日	物候期			
小紫	硼砂	200	4/13	初盛—盛花	1 168	265	22.7
	尿素	200	4/13	盛花初期	737	168	22.8
	对照	（清水）	4/13	盛花初期	879	174	19.8
大紫	硼砂	200	4/13	初盛—盛花	1 054	374	35.5
	尿素	200	4/13	初盛—盛花	1 309	450	34.4
	对照	（清水）	4/13	盛花	684	221	32.3

表 6-3 那翁樱桃品种盛花期喷施生长调节剂对坐果率的影响

| 处理 | | 调查花数（朵） | 坐果数（个） | 坐果率（％） | 备注 |
种类	浓度（毫克/升）				
赤霉素	10	600	196	32.7	
	20	619	321	51.9	
	40	474	171	36.2	
	80	330	147	43.7	果实小、黄落
	100	570	142	24.6	
	200	600	95	15.8	
	对照（清水）	1 812	612	33.8	
磷酸二氢钾	600	717	312	43.6	
	800	540	138	25.6	
	1 000	492	141	28.7	
	对照	588	225	38.3	

注：均喷两次（4 月 28 日及 5 月 28 日）。

从表 6-2 看出，在小紫、大紫的盛花初期至盛花期，喷施 1 次尿素或硼砂液，对提高坐果率有一定效果。在那翁盛花期，相隔 10 天连喷 2 次 20～80 毫克/升的赤霉素及 600 倍液的磷酸二氢钾，有助于提高坐果率。100 毫克/升以上浓度赤霉素则阻滞果实发育，果实变黄脱落。

据报道，盛花期喷施 10～50 毫克/千克的赤霉素可以显著地提高红灯品种的坐果率，其中以喷施 30～40 毫克/千克的赤霉素效果最好，可达到 50.1％和 52.9％。对于雷尼品种效果也同样。

如果赤霉素与细胞分裂素（6-KT）配合使用，提高坐果率的效果比单施赤霉素效果更显著。20 毫克/千克 6-KT 和 30 毫克/千克赤霉素配合使用时，坐果率可高达 56.9％，比单独施用赤霉素提高 6.8 个百分点，比自然坐果率提高 21.2 个百分点。

二、果实管理

1. 疏花疏果 在开花前疏除弱的化序和过多的花蕾，以节约养分。在生理落果后进行疏果，根据树势强弱，每个花束状果枝留果 3～4 个，疏除小果、畸形果和过密果。

2. 铺地膜 在果实膨大期全园地面铺塑料薄膜，避免因降水使土壤水分剧增而增加裂果。

三、落花落果原因

1. 栽培品种单一或授粉树配置不当 甜樱桃大多数品种不能自花结果，栽培时品种单一，缺少授粉树或授粉树配置不当，授粉不亲和等，都会影响授粉受精质量，造成只开花，不坐果。

2. 树体营养不良 土壤有机质含量低，根系浅，生长发育受阻，树体贮藏养分匮乏，树势和营养状况下降，都会引起坐果率降低。

3. 温、湿度控制不合理 花前花后温度过高，棚内白天超过

25℃会使花器官受灼伤，枝头萎缩干枯，有效授粉时间缩短，花粉生命力降低，幼果发育慢，新梢徒长，加重生理落果。花期湿度过大，也易造成花粉吸水失活或黏滞，扩散困难，影响坐果。

4. 管理粗放，病虫害严重　对病虫害发生时期、规律、最佳防治时期把握不住，以及对农药防治的范围、对象不清楚，常造成流胶病、穿孔病、早期落叶病严重，树体积累营养减少，加重了落花落果。

四、甜樱桃主要的生理落果特性

甜樱桃的果实发育期从谢花后开始计算，早熟品种 35～40 天，中熟品种 45～50 天，晚熟品种 55～60 天。甜樱桃的果实发育期大体可分为 3 个阶段，即坐果后的第 1 次果实膨大期、硬核和胚发育期、成熟前的第 2 次果实膨大期。其中，第 2 次果实膨大期的生长量占成熟时果重的 50%～75%，是甜樱桃果实管理的关键时期，也是甜樱桃与其他核果类果树果实发育的区别之处。

甜樱桃的落花落果一般有 3 次高峰：

第 1 次高峰是落花，花朵自花梗基部形成离层而脱落，多发生在花后 1～2 周内。脱落的主要原因是花器中的雌蕊败育，以及部分花朵未授粉受精。此外，花期及花期前后天气不良（发生冻害、低温阴雨、大雾、大风等）造成雌蕊生殖机能衰退或影响正常的授粉受精过程，也都会加剧这次脱落。

第 2 次高峰是落花落果，发生在花后 2～4 周，品种间略有差异。以佐藤锦为例，花后 10～16 天是佐藤锦的第 1 次生理落果期，这次落果从外观上看到有一定大小的幼果脱落，但究竟是小幼果还是未曾受精的膨大子房的脱落，认识上尚不一致。多数资料认为，这次脱落是由于受精不良和胚乳发育受阻所致。树体营养匮缺、不良气候条件均可引起胚乳的中途败育，而加剧脱落。第 2 次落果与第 1 次落果相同，均带有花托和萼片。

第 3 次高峰是落果，发生在硬核期。佐藤锦在花后 24～30 天是第 2 次生理落果期。设施栽培大约是果实生长第 1 期末（核尚未硬化）和生长第 2 期（核已硬化）之间。此期落果离层多在幼果与果梗的花托间产生。幼果脱落后的一段时间内，花托和果梗残留在枝上。落果主要是由于供应果实生长及同化的养分不足，导致受精胚终止发育所引起。观察可见，凡竞争力较弱的果实，内部种子先端种皮首先开始发生褐变，而后果实即萎黄脱落，着果过多、叶果比小和新梢旺长的树，养分竞争激烈，脱落均较重。

此外，有的品种还有采前落果现象，这次落果是果梗与果实产生离层，应适当早采。核果类果树的生理落果是树体针对开花结果过多，造成相对负荷过重时的一种反馈调节，扩大有效叶面积和提高叶功能或降低营养器官的生长量（如疏剪无用新梢、摘心等），都有利于提高坐果率。但坐果率的提高有一定的限度，甜樱桃有25%左右的最终坐果率即能满足生产的需要。当花果密度过大时，用疏花疏果的方法比用其他措施对改善坐果状况更有效，这在生长衰弱的树上应用效果尤为明显。

五、预防落果方法

1. 合理配置授粉树　授粉品种配置的原则是品种间花期相遇并能互相授粉等，栽植时要足量、合理配置。一般主栽的品种与授粉品种的比例为 3：2，授粉品种 3～4 个，株行距以 3 米×4 米较好。目前，适于栽培的品种为红灯、岱红、美早、先锋、拉宾斯、黑珍珠、布鲁克斯、雷尼等。

2. 花期放蜂　在甜樱桃花开 10% 左右时释放蜜蜂（以每公顷 3 箱为宜）或放壁蜂（以每亩 200 头为宜），在放蜂前 10 天内果园中应停止使用农药，并将配药的缸（池）盖好，以防止蜂中毒。

3. 提高树体营养水平　甜樱桃萌芽开花过程需要的营养主要是前一年树体的贮藏养分，因此，要提高坐果率首先要抓好前一年秋施基肥工作，做到有机肥为主，每亩施 3～4 吨；还要在春季萌芽前土施速效氮肥，满足甜樱桃开花坐果后的营养需要。

甜樱桃从开花后坐果和果实膨大所需要的营养均来自当年的养分供应。要提高坐果率，在幼果期应加强肥水管理，对旺长的新梢要及时摘心和留 5～6 片叶剪梢，防止新梢和幼果争夺养分；要勤施促果肥，果实硬核后加强水分管理，水分过多、过少都会造成果实黄化脱落；最后要加强疏花疏果，减少营养损耗。

第五节　果实采后管理

樱桃果实采收后进入营养积累阶段，管理是否得当会直接影响果实下年的产量和品质。

（一）夏季修剪

做好夏季修剪，调整树体结构，改善树冠内的通风透光条件。对严重影响树冠内部通风透光，结果枝组少的强旺大枝和过密的细弱枝，从基部疏除。对有一定结果能力的大枝，可在分枝角度较大的分枝处缩剪。

5 月下旬至 7 月中旬，看树势对新梢留 20～40 厘米摘心，以增加枝量。如果树势旺盛，摘心后副梢仍然很旺，可以连续摘心 2～3 次，促进形成短枝和花芽。在 5 月下旬至 6 月上旬，新梢尚未木质化时，对背上直立枝、竞争枝及内膛新梢进行扭梢，即用手捏在距基部 5～10 厘米处，轻轻扭转 180°，以木质部和韧皮部有部分裂痕，但不折断为度。7 月对已经木质化的新生直立枝、竞争枝及其他强旺营养枝，进行拿枝软化，即从基部开始，用手折弯，然后向上每 5 厘米折弯一下，直到顶端。对于角度较小的骨干枝和抚养枝，在采果后进行拉枝，开张角度，但要注意防止大枝劈裂，注意要拉开基角，防止拉成"弓"字形造成背上冒条。

（二）及时补肥

在采果后半月，即 6 月底至 7 月上旬及时补肥，增加树体营养积累。以含多种养分的腐熟有机肥加复合肥为好。结果大树一般可施有机肥 50～100 千克，或复合肥 1.5～2 千克。可穴施、沟施或随灌水浇入树盘。

（三）及时灌水

果实采收后，亟待恢复树势，由于是花芽分化期，需要结合施肥进行灌水。有条件的地方，可用喷灌、滴灌或微喷灌，这样可以节省人工、节约用水，灌水均匀，减轻土壤养分流失，避免土壤板结，还能增加空气湿度，调节果园小气候，减轻干热对樱桃树体的危害。无条件的地方可采用沟灌和漫灌，但要进行单株小区灌溉，以防止土壤根癌病菌相互传染。

（四）喷洒生长调节剂

采收后，对生长势强旺的树，喷 1 次多效唑 650～1 000 倍液，可抑制新梢旺长，促进花芽分化，控制树冠扩张，减少修剪量。

（五）病虫害防治

6～7 月，进入高温多雨季节，容易发生各种病虫害，要根据所发生的病虫害，及时采取相应的措施进行有效的防治，避免造成损失。

第七章
整形修剪

第一节　樱桃与修剪有关的生物学特性

（一）树势强旺，生长量大

樱桃树势强健，当年生长量大。在乔砧上，甜樱桃幼树新梢可生长 2 米以上，过旺的营养生长延迟了生殖生长的进程，这是樱桃幼树进入丰产期相对较晚的重要原因之一。

（二）萌芽率高，成枝力弱

与其他北方落叶果树相比，甜樱桃萌芽率较高，一年生枝除基部几个瘪芽外，绝大多数均可萌芽。但在自然缓放的情况下，只有先端 1~3 个芽可抽生较强旺枝，其余多为中短枝，中后部的甚至不能成枝，仅萌芽几个叶丛枝。大枝上的中短分枝易转化为各类结果枝。

（三）顶端优势及干性强，枝条生长势两极分化严重

顶端、直立、背上的枝条很强，而下端斜生，背下的枝条生长很弱。枝条的两枝分化严重，形成优势枝条延长，劣势枝条（包括叶丛枝）干枯脱落的现象。所以抑制甜樱桃顶端优势，均衡树势，刺激小枝抽生，防止内膛光秃，立体结果是重要的修剪目标。

（四）不同树龄对修剪反应的敏感程度不同

樱桃幼树修剪反应极为敏感，中长枝短截后普遍发生 3 个以上

强旺新梢，生长量大，对增加分枝有利。中长枝缓放，则极易形成串枝花，大量结果。成龄树大量结果后，对修剪反应会迟钝，一般的回缩、短截等复壮效果均不明显，需加大修剪量，以保证剪口下能发出较强旺枝，达到复壮目的。根据甜樱桃这一特性，在不同树龄用不同修剪方法，合理地调整营养生长和生殖生长的关系，使甜樱桃能在健壮的基础上，获得稳产、高产。

（五）对光照要求高

樱桃是高喜光照树种，内膛小枝如光照不良往往迅速枯死。樱桃叶片又较其他北方落叶果树的叶片大得多，因此不能单纯地模仿苹果、梨、桃、杏等果树的整形修剪技术。

第二节　樱桃整形修剪的基本原则

（一）随栽培模式选择树形，因树修剪，随枝做形

樱桃整形修剪的第 1 步是要根据栽植行株距来选择树形，不论何种树形，只要掌握好骨干枝安排，枝组搭配，光照充足，都可达到优质丰产。

在实际操作时，需根据其品种的生物学特性，不同生长发育时期、不同树龄、立地条件、目标树形等具体情况而确定应采用的修剪方法和修剪程度，做到有形不死、无形不乱，建造一个既不能影响早期产量，又要丰产的树形，使生长与结果均衡合理，以达到修剪的最佳效果。切忌大拉大砍，强造树形。

（二）严格掌握修剪时期，重视夏季修剪

樱桃的整形尽管也可分为冬剪和夏剪两个时期，但若在冬季修剪，在落叶后和萌芽前这段时间很容易造成剪口干缩，出现流胶现象，消耗大量水分和养分，甚至引起大枝死亡。同时休眠期修剪只促使局部长势增强，而削弱整个树体的生长，一般修剪量越大，对局部的促进作用越大，而对树体的整体削弱作用越强。因此，樱桃

的冬季修剪最佳时期宜在树液流动之后至萌芽前这段时期，对于幼树提倡夏季修剪，盛果期树宜冬季修剪，必须根据不同树龄合理掌握。重视夏剪、拉枝开角、促进成花。

夏季修剪是指在生长期，采取摘心、扭梢、环割等措施，促进枝量的增加和花芽形成，提高早期产量。各类枝在春季枝条长到一定长度时，根据需要开张不同的角度，在夏、秋季做好拉枝工作，使营养生长向生殖生长转化，提早成花。

第三节　冬季修剪

（一）短截

剪去当年生发育枝的一部分，以促进侧芽萌发，多用于各级骨干枝延长枝，以促进树冠扩大。因剪截程度不同，通常分为轻短截（又称轻打头，仅剪去枝顶端几个芽）、中短截（从枝条中部下剪，剪去枝条一半）、重短截（剪去枝条的 2/3～3/4）和极重短截（仅留基部 1～2 个芽）。结果枝过长、过弱、过密时也要剪去一部分。

（二）疏剪

将当年生或多年生枝条从基部剪去的修剪方法，又称疏剪。疏剪可以改善树冠内的通风透光条件，平衡枝条间的生长势，促进内膛中、短枝的发育，减少养分的无效消耗，促进花芽形成。疏剪的主要对象是树冠内的干枯枝、病虫枝、细弱枝、下垂枝、徒长枝、骨干枝头的竞争枝、过密枝、重叠枝、隐芽萌蘖枝和轮生枝。

（三）回缩

将多年生枝剪去一部分，缩小其所占空间或改变其扩展方向，回缩后可促进回缩部位以下枝条的生长势，使衰弱枝更新复壮。连续多年结果的枝组回缩后，可增强结果枝组的生长势，提高坐果率和品质。多年生大、中型枝组和辅养枝回缩后，可缩小空间，集中营养，促进花芽形成。

第四节　夏季修剪

（一）刻芽和拉枝开角

刻芽的适宜时期为 3 月中下旬的萌芽前，用小钢锯在芽上方 0.2～0.5 厘米处横锯半圈，深达木质部。刻芽过浅对萌芽作用不大，过深则愈合慢，易流胶，愈合后遇风容易折断。刻芽枝条上的叶丛枝数量明显增加，花束状果枝增多。

当春季新梢长到 20 厘米左右时，可用牙签或大头针撑开开张角度，一般枝条要开到 80°左右。

拉枝的适宜时期为 8 月中旬至 9 月中旬，根据培养树形的不同，拉枝的角度稍有不同，培养小型树形时，将骨干枝拉至 80°～85°，甚至 90°，而计划培养结果枝组的要拉到 100°，即梢下垂的状态；培养较大树形时，前期角度要稍大一些。

秋季拉枝与春季刻芽相结合，其缓和树势、促发短枝和促进花芽分化的效果优于单纯刻芽。

（二）环剥

樱桃在 5 月进行环剥，可以缓和生长势力，促进花芽形成。但要经过认真试验，严格掌握环剥时期，过晚容易流胶，或成花效果差；过早容易造成树势衰弱，坐果率低。应选较大的临时抚养枝环剥为好，在基部环剥宽度 0.1～0.2 厘米为宜。注意不可在骨干枝上环剥，且环剥宽度不可大于 0.5 厘米。

（三）摘心

主要用在幼旺树上，可以控制枝条旺长，增加分枝级次和枝量，加速树冠扩大，促进枝类转化。对不同类型的新梢摘心程度不一样。新栽植树，骨干枝上的新梢，可在 20 厘米左右时摘心，以促进下部花芽形成。对于秋拉枝、春刻芽后萌发的大量枝条，对先端萌发的长枝在 10 厘米左右时留 5 厘米摘心，可改善下部萌芽的营养状况，促进下部叶丛枝的发育。尤其是经多次摘心后，下部叶丛枝的花芽数可大大增多。在强旺长枝摘心后，形成的花芽主要集中在发生的二次枝的基部，如多次摘心，则分枝级次越高，成花率越低。

（四）扭梢

当新梢长至 10～20 厘米时进行扭梢，其作用与摘心相似。具体方法是用手捏在半木质化部位，轻轻弯曲，将新梢上部转半圈后压在相邻的叶片下。其促进花芽形成的效果很好。但要注意，扭梢部位过高或过低，都容易折断。

第五节　各树龄段的整形修剪

（一）幼龄期修剪

从栽植开始到第 3～4 年大量结果前，可称为幼龄期。

幼树修剪主要任务是建立牢固骨架。基本原则是多短截，刺激多发枝条，枝叶量大，制造养分多，成形快，进入结果期早。在注意整形基础上，多短截一年生枝，促发较多分枝，以利骨干枝的形成和生长。但要注意骨干枝外的枝条修剪程度要轻，避免因短截过多造成枝条密生，光照不足。对其余各类枝条，除适当疏除一些过密、交叉的乱生枝外，要尽量多保留一些中等枝和小枝。在幼树整形时还要注意平衡树势，使各级骨干枝从属关系分明。结果初期树的修剪主要任务是培养各种类型的结果枝组。培养结果枝组以甩放枝条为主，通过甩放缓和树势，减少长枝数量。

（二）盛果期修剪

盛果期树修剪的主要任务是维持健壮树势和结果枝组的生长结果能力，调整树体结构，保证长期高产稳产。大量结果后，应采取回缩和更新的手法，逐年清理过多的临时抚养枝，改善通风透光条件，及时更新复壮结果枝组，以维持延长盛果期年限。对生长过旺的骨干枝，适当疏除其上过多的营养枝，开张角度；对生长较弱的骨干枝，减少负载量，并适当回缩更新。树冠过高的可采取落头开心或拉倒中心干延长头的办法压低树高。及时疏除部分大枝，使树冠中上部较大枝组不过量，以打开光路。根据空间大小合理安排大、中、小结果枝组。将主枝上的结果枝组逐步调整为内大外小、下大上小的状态。疏除大枝最好在果实采收后进行。

（三）衰老期修剪

樱桃树进入衰老期后，树势明显衰弱，果实产量和品质下降，大量结果枝组开始死亡。此时修剪的主要任务是更新复壮。通常利用骨干枝基部萌生的发育枝、徒长枝对骨干枝进行计划更新，即在截除大枝时，如在适当部位有生长正常的分枝，最好在次分枝的上端回缩更新。这种方法对树损伤较小，效果好，不致过多地影响产量。利用隐芽寿命长的特点，对内膛因回缩骨干枝时萌发的新梢，根据空间合理利用，培养新的结果枝组。丛生的新梢要注意有选择留用，其余的抹除。

第六节　常用树形

一、小冠疏层形

（一）树体结构

干高 40～60 厘米，树高 3 米，冠径 3～4 米。全树 5～6 个主枝，分 3 层排列，第 1 层 3 个，第 2 层 2 个，第 3 层 1 个。第 1 层每个主枝配备 2～3 个侧枝；第 2 层每个主枝配备 1～2 个侧枝；第 3 层不配备侧枝，只培养各类结果枝组。第 1 层距第 2 层 60～70 厘米，第 2 层距第 3 层 50 厘米左右。主枝开张角度 60°，侧枝 70°～80°.

（二）整形技术

第 1 年，栽植后定干 70～80 厘米。保留剪口芽剪除第 2～4

芽，以加大下部分枝角度，然后定向刻芽 3～4 个，并在刻芽基部涂抽枝宝促进萌发，形成健壮新梢。生长期，如果中干生长过旺，可于晚夏对其摘心。秋季（8 月下旬至 10 月上旬）拉枝呈 60°左右。

第 2 年，春季对中心干留 70～80 厘米短截，去除第 2～5 芽。选留 3 个方位好、生长健壮的新梢作为第 1 层主枝培养，剪留 60～70 厘米，去除第 2～4 芽，同时在适当部位刻芽，培养侧枝。新梢长 20 厘米左右时，除骨干枝延长枝外，其余新梢留 10～15 厘米摘心，培养结果枝组。秋季继续拉枝。

第 3 年，继续培养健壮、牢固的树体骨架；在促进骨干枝生长，加速整形的同时，缓和局部生长势，促进花芽分化，培养结果枝组。

春季修剪时，对中心干和第 1 层主、侧枝留 60～70 厘米短截，并去除第 2～4 芽，同时选留第 2 层主枝，培养方法同第 2 层主枝。结果枝组上的枝条酌情留 10～20 厘米短截。夏季，新梢长 20 厘米时，除骨干枝外，其余新梢保留 10～15 厘米摘心。秋季继续拉枝。

第 4 年，在整形的同时，把重点放在缓和树势、培养枝组和促进花芽形成上。

春夏季时，选留第 3 层和第 2 层主枝上的侧枝。中心干延长枝缓放不剪或落头开心。根据空间大小短截主、侧枝延长头。中、长结果枝保留 1 个叶芽短截。空间大的可留 2～3 个叶芽短截，培养中、大型结果枝组。新梢长 20 厘米时摘心。主、侧枝和结果枝组带头枝、过旺枝叶可酌情摘心控制，以抑前促后。

此时，树形基本完成。

二、自由纺锤形

（一）树体结构

干高 40～50 厘米，树高 3 米左右。中心干直立，其上均匀着生 10～12 个主枝，不分层，插空排列，间距 20 厘米左右，开张角度 70°～80°。下部主枝角度较大，向上依次减小。主枝上不配备侧枝，直接着生各类枝组。树冠中心剖面为三角形。

（二）整形技术

第 1 年栽植后留 70～80 厘米定干，去除第 2～4 芽，并定向刻芽 3～4 个。秋季将枝条拉至 80°左右。

第 2 年，对中心干和主枝剪截去芽后，在中心干上间隔 20 厘米左右选留 1 个主枝。当新梢长 20 厘米时，除骨干枝外，其余新梢留 10～15 厘米摘心。秋季继续拉枝。

第 3 年，春季骨干枝修剪同第 2 年。强壮主枝可缓放不剪。根据着生位置，培养大、中、小相间的各类枝组。枝组带头枝可根据空间大小适当长留，枝组上的中、长果枝可留 1 个芽短截。待新树势达到梢长至 20 厘米时摘心。生长期，对生长过旺的中心干和主枝，可及时摘心控制，以维持骨干枝适宜的粗度和长度。

第 4 年以后，在继续培养健壮骨架的同时，注意培养紧凑、牢固、健壮的各类结果枝组，并及时更新复壮。树高达 3 米左右时，中心干延长枝缓放不剪或落头开心。过旺的主枝及时摘心或环剥控制生长，衰弱主枝要及时复壮，均衡上下、内外生长势力，以维持树势，达到早期丰产的目的。

三、细长主干形

（一）树体结构

树高 2.5～3 米，干高 0.7 米，主干直立，主枝 30 个左右，主枝角度大于 90°，长度小于 1.5 米。

（二）特点

适于 4 米×2 米行株距的密植栽培，树形成形快，早丰产，骨干枝多，有利于控制和调整。

（三）整形技术

第1年，苗木栽植后，留1.1～1.2米定干，剪口距离第1芽1厘米左右，剪口涂保护剂。抹除剪口下第2、3、4芽，保留第5芽，抹除第6、7、8芽，保留第9芽。在下面每隔7～10厘米刻一芽，直至距地面70厘米高度处为止，以下不再刻芽。当侧生新梢长到40厘米左右时，拿梢到下垂状态，控制生长，促使中心干快速生长，培养健壮强健的中心领导枝。如不定干，生长势强旺，可通过刻芽促进萌发侧生枝，管理方法与第2年相似，树冠可控制更小。

第2年，萌芽前，中央领导枝轻打头，其他侧生枝留一芽重短截，剪口距芽留1厘米左右，剪口涂保护剂。萌芽后1个月左右（5月上中旬），对中央领导枝顶端留1个生长强旺枝培养中央领导枝外，其余留2～5芽短截。萌芽2个月后，中央领导干上侧生新梢达80厘米左右，进行拿枝，使其成下垂状态。萌芽3个月后，对侧生新梢顶部扭梢，使其保持下垂状态。

第3年，中央领导枝上通过刻芽促生侧生枝。主要领导干上有空间处刻芽促生新梢补空。在已有侧枝上刻芽促进萌发形成叶丛枝，形成花芽。

第4年，控制树高，中央领导干留高度2.8～3.0米，落头开心到水平侧生枝上。各级骨干枝上的直立枝通过摘心、扭梢等措施，控制生长势促进花芽形成。

四、丛状形

丛状形又名西班牙丛枝形，为樱桃实行密植栽培的矮化树形，是西班牙果树研究者发明的一种整形方式。采用该树形可实行高密度栽培，樱桃结果早，产量高，质量好，2/3的果实可以不用登梯采收，现美国已经大面积推广应用，获得良好效果。

（一）树形结构

树高 2.5～3.0 米，冠径 3～4 米。主干高 30 厘米，主干上着生 4～5 个大的主枝，每个主枝上着生 4～5 个单轴延伸的分枝。株间可以连接形成树篱。但行间树高不能交接，以免相互遮阴。

（二）整形技术

第 1 年，选用健壮苗木栽植。为增大分枝角度，一般在芽萌动时定干，定干高度 35～45 厘米。选留新梢 4～5 个作为主枝培养，为开张主枝的基角。当新梢长到 10 厘米时，用牙签或大头针支撑开角，或在秋后或第 2 年春季萌芽后拉枝，使分枝与主干延伸线之间的夹角达 60°以上。特别是拉宾斯等直立性强的品种，拉枝和开角更重要。

只进行夏剪。在土壤肥沃及管理水平高的条件下，当年生枝强旺时。需在新梢长 50 厘米，粗度达 0.7 厘米左右时进行摘去 20 厘米的重摘心。在栽植第 1 年新梢生长量小于 1 米，达不到重摘心程度时，在第 2 年枝梢达到要求时进行。

第 2 年，要缓和生长势，减少施肥量。选留的主枝继续延长生长，夏季进行摘心处理。经过 2 年夏季多次摘心，分枝增多，营养分散，长势缓和，有利于早期丰产。当枝梢过多，树冠内膛光照不良时，需在 8 月中下旬进行拉枝或适当地疏枝。

第 3 年，目标是最大限度地提高产量和质量。通过前两年的生长，树体骨架已经建立，部分树已经开花结果。此时重剪会延迟结果，不修剪又会引起树冠内郁闭，果实质量变差，内膛短枝死亡光秃。因此必须控制树势平衡。春季萌芽后再有空间处拉枝，采收后，根据树势确定修剪程度。强壮、直立大枝有选择地回缩至一半或仅留短桩。若树势极强，回缩短截后应注意除萌蘖，防止抽生徒长枝。此外，每株应选 3～4 个强壮结果枝组，采果后留 5～15 厘米回缩更新，使其剪后的短桩上萌发新枝，代替老枝。全部结果枝组不超过四年生，实现结果枝组的轮替更新，使结果的优势部位保持在二至三年生枝段上，从而克服多年生鸡爪枝多，果实变小的弊端。交叉枝和过密枝疏除，弱枝和水平枝保留结果。

树体和地下管理的目标是减慢树体生长，促进花芽形成。应少施氮肥，停止摘心促枝，果实采收前环剥（需加保护），控制生长，促进花芽分化。

第 4 年以后，开始进入稳定结果期，修剪的任务是更新老枝和调节光照分布，增大果个，提高果实质量。每年进行回缩修剪，采收后将四年生枝回缩成短桩，使树冠内各分枝的年龄不超过 4 年。每年开花后，采收后，8 月底或 9 月初，进行 2～3 次疏枝，重点疏除交叉枝、直立枝、旺长枝，保持树冠开心，光照通透。

进入稳定结果和高产阶段以后，特别是高产品种如拉宾斯和甜心，要防止果个变小，为增大果个，宜在花后短截回缩结果枝和结果枝组。剪前按树体估产，确定每株的负载量，疏掉多余的花，短截结果枝，坐果越多短截越重，可节制营养生长，促进坐果。

注意在夏末采收后进行夏季修剪，重点是回缩更新，保持树冠内光照均匀，控制树体高度，使其保持在 2.5～3.0 米。通过疏去或回缩直立和交叉重叠枝，使树冠内光照调节得到改善。修剪时保留水平弱枝结果，直立枝回缩到花芽处，始终要掌握对树体开心，去强旺枝，留平斜中庸枝的原则。

第七节　不同树势树的整形修剪

丰产优质的樱桃表现为保持树势中庸健壮，而在生产实际中常因修剪技术掌握不当或其他原因造成树势过旺、过弱或树势不均衡，使得产量减少，品质下降，由此，首先必须采用相应的修剪技术加以调整树势，保证理想的产量和质量。

树势强旺的树应采取缓势修剪措施，适当加大各骨干枝角度，将辅养枝及其余枝条拉至水平，也可将部分竞争枝拉下垂或从旺枝基部扭伤。对大枝可采用疏除或缓放的方法，首先对中上部密集大枝分期分批疏除，但一次疏除不宜过多，因为去枝留下的伤口多数愈合困难，易出现严重流胶现象，因此，疏除大枝应特别谨慎，对能保留的大枝可进行缓放或去顶，结合疏除减少其上长枝数量。另外，利用刻芽或环割，促进花芽形成，及早结果，以果压势。

树势衰弱的树应采用助势修剪方法，主枝开张角度不宜过大，应多留枝，特别是多留长枝。长枝以轻、中短截为主，抬高枝角，增强树势。另外，注意尽量少留伤口，少留果，以便恢复树体生长势。

上强下弱的树由于中央领导干每年留壮芽、壮枝带头，上部枝条长势明显优于下部枝条，上升过快；一层主枝短截过重或疏枝过多，枝叶量少，限制长势及树冠扩展；下层主枝开角过大、结果多；中干中上部出现过多、过大辅养枝，疏枝不及时，造成上部骨干枝过密，影响下层枝长势。修剪上疏除中干中上部的过密、过旺枝，留弱枝当头，其余枝拉平缓势，下层主枝延长枝中截，多短截，增强生长势。下强上弱树，修剪上抑下促，下层主枝选弱势枝当头，疏除或极重短截旺枝，并开张主枝角度，辅以环割或扭伤，抑制下层主枝生长势，上部采用中截方法，加快增加枝叶量，增强生长势。

外强内弱的树，修剪上首先要调整好主、侧枝角度，疏除树冠外围过密旺枝和多年生密集大枝，增加内膛光照度，增强内膛枝生长势；对于上旺枝可采用环割促花控长方法，或极重短截培养枝组；内膛细弱枝留壮芽短截，增强生长势。

甜樱桃的修剪操作上还应注意：

①选好修剪期。以在春季萌芽前的休眠期进行修剪为宜。若修剪过早，伤口易流胶，影响树体生长。

②重视疏枝技术。疏除大枝时，锯口要平、小，不留枝桩，以利尽快愈合；疏除过密一年生枝时，由于樱桃一年生枝基部腋芽为花芽，所以，可先在基部腋花芽以上短截，待结果后再疏除。

第八章
病虫害防治

第一节　病害防治

一、樱桃根癌病

1. 为害症状　樱桃根癌病是一种世界性的樱桃病害，是樱桃的主要病害之一。该病可以危害几乎所有樱桃砧木、品种。病害主要发生在根颈部及侧根，甚至根颈的上部。感病部位受到刺激后增生肥大，形成形状不定、大小不等、数量不一的病瘤肿块。病瘤初期为肉质，乳白色或略带粉红色，表面光滑且柔软；随着时间的推移，瘤状物逐渐变褐、变黑，散发出腥臭味，同时质地变硬，出现龟裂。感病后，由于植株根部输导组织受到影响，水分、养分运输受阻，植株侧根和须根减少，导致树体衰弱，寿命缩短，严重时树体干枯死亡。

2. 病原　致病病原属细菌界薄壁菌门的根癌土壤杆菌或称为根瘤农杆菌 [*Agrobacterium tumefaciens* (Smith & Town) Conn.]。

德国的科学家研究发现，该菌侵入果树后，首先攻击果树的免疫系统，它的部分基因侵入果树的细胞后，可以改变受害果树的很多基因表达，造成受害树的一系列激素分泌明显增多，引起有关细胞的无限制分裂增生而产生癌瘤。

3. 发病规律　该病菌在发病组织中越冬，大都存在于癌瘤表层，当癌瘤外层破裂后，细菌随降雨、灌溉水进入土壤，在土壤中能存活1年以上。土壤和病株的病菌通过雨水、灌溉、修剪、昆虫以及苗木移植进行传播。病菌从植株伤口（如嫁接口、机械伤口、虫咬伤口）侵入寄主体内，不断刺激寄主细胞增生肥大，形成癌瘤。

病害的发生与以下的因素有关。土壤相对湿度 70％左右，温度 18～22℃ 的条件适合癌瘤的形成和发展。在黏性土壤、排水不良或碱性土壤中发病较重。在沙壤土、中性或微酸性土壤中一般不发生根癌病。重茬苗圃地上，病害发生率明显提高。树体修剪量重，负载量过大，病虫害防治不及时等管理粗放的果园发病率高。

4. 防治方法

(1) 选择利用抗根癌病的砧木。用作樱桃砧木的中国樱桃、大青叶、莱阳矮樱桃、山樱桃、马扎德、马哈利、酸樱桃、考特、吉塞拉系列砧木等均可感染根癌病。但不同砧木类型对根癌病的敏感性不同。距报道，马扎德 F12/1 无性系、考特、山樱桃对根癌病特别敏感。而马扎德的实生砧敏感程度轻一些；中国樱桃及其选系大青叶敏感程度轻一些；酸樱桃和马哈利为中度敏感。

(2) 增强树势、提高抗病性。在深翻改土，增施有机肥的基础上，根据树体发育特点，进行适量追肥和叶面喷肥。在需水临界期适时浇水，雨季注意排水。注意地下害虫的防治，保护好根系和根颈，防止病菌侵入。

(3) 选择合适苗圃地、注意苗木消毒。苗圃用地除考虑灌溉、排水、土质疏松肥沃等条件外，要避免多年栽植果树及育苗的重茬地段。苗木出圃前及建园栽植前要对苗木进行消毒，可用根癌灵进行蘸根处理（1 份菌剂兑 2 份水），或用 1％硫酸铜液浸根 5 分钟，再在 2％石灰水中浸根 1 分钟。

(4) 化学防治。发现病株后，及时挖出病根，刮除并烧毁病瘤，然后用 1％～2％硫酸铜液或石硫合剂涂抹消毒，并用 100 倍液多菌灵灌根。病害严重的植株要挖出销毁，然后用 100 倍液五氯硝基苯粉剂或 1％硫酸铜液进行土壤消毒。

二、樱桃流胶病

1. 为害症状 樱桃流胶病是樱桃栽培中常见的病害之一。樱桃流胶病多发生于主干、主枝，有时小枝也会发病。当枝干出现伤口或者表皮擦伤时尤为明显。分为干腐型和溃疡型两种。

（1）干腐型。多发生在主干和主枝上，初期呈暗褐色，病斑形状不规则，表面坚硬，后期病斑呈长条状干缩凹陷。常流胶，有的周围开裂，表面密生黑色小圆粒点。

（2）溃疡型。发病初期，感病部位略微膨胀脓肿，逐渐渗出柔软、半透明状黄白色树胶。树胶与空气接触后变成红褐色，然后逐渐呈茶褐色，最终干燥后成黑褐色硬块。

流胶病严重时发病部位树皮开裂，皮层和木质部变褐坏死，导致树势衰弱，树体抵抗力下降，花、芽、叶片变黄干枯，果实产量和品质下降，严重时大枝枯死，甚至整株死亡。

2. 病原 樱桃流胶病致病原因较为复杂，包括寄生性真菌、细菌及蛀干害虫、机械损伤等。有报道干腐型流胶病由真菌界子囊菌门、茶藨子葡萄座腔菌引起；溃疡型流胶病由真菌界子囊菌门的葡萄座腔菌引起。国外研究成果认为，细菌性流胶病的致病细菌是丁香假单胞菌与核果树细菌性溃疡病菌。

3. 发病规律

①真菌性病原菌产生子囊孢子及其无性系产生分生孢子借风雨传播，4～10月都可侵染，主要从伤口处侵入。侵染植株后，于春季发病，6月上旬逐渐严重，雨季来临时，加重病害的传播。

②细菌侵染一般发生在晚秋和冬季。6℃即可侵染，12～21℃为侵染盛期。枝条或伤口感病后，病部向果枝基部逐渐扩展，导致果枝枯死，然后向树干蔓延。翌年春季枝条萌芽后，感病部位流胶，形成溃疡组织。

4. 防治方法

①加强果园管理，增施有机肥，提高土壤有机质含量。增强树

势，合理修剪，避免修剪量过大，削弱树势。雨季及时排水，适时中耕，改善土壤透气条件。

②发现病斑及时刮治，伤口涂抹 41％乙蒜素乳油 50 倍液或 30％乳油 40 倍液。1 月后再涂抹一次。

③春季树液开始流动时，用 50％多菌灵可湿性粉剂 300 倍液灌根，一至三年生幼树每株用药 100 克，较大树龄树 200 克，开花坐果后再处理一次。

三、樱桃褐腐病

1. 为害症状　为害花、枝、叶、果。春季花朵染病，发病初期花药、雌蕊变褐坏死，向子房、花梗扩展，病花固着在枝条上，天气潮湿时产生分生孢子座和病花表面出现分生孢子层，以后病花上的菌丝向小枝扩展并产生椭圆形至梭形的溃疡斑，溃疡边缘出现流胶，当溃疡面扩展至绕枝一周时，上段即枯死。枝条上叶片染病，多发生在展叶期的叶片上，初在病部表面出现不明显褐斑，后扩及全叶，上生灰白色粉状物，叶片变棕色至褐色干枯，但不脱落。嫩果染病，表面初现褐色病斑，后扩及全果，致果实收缩，成为灰白色粉状物。病果多悬挂在树梢上，成为僵果。成熟果实染病，两天就发生果腐，果腐扩展很快，病部呈褐色。在病果上长出分生孢子座，表生分生孢子层。

2. 病原　为真菌界子囊菌门的美澳型核果链核盘菌［*Monilinia fructicola*（Wint.）］和核果链核盘菌［*M. laxa*（Aderh. et Ruhl.）Honey］两种。前者可侵染李属的所有栽培种，在桃、油桃、李及樱桃上危害重。后者以危害杏、巴旦杏、桃及樱桃为主。

3. 发病规律　两种链核盘菌都能以无性型菌丝体在树上的僵果、病枝及落地病果、果柄等处越冬。下年春季，当温度达 5℃以上，遇潮湿条件产生分生孢子座和分生孢子，分生孢子萌发要求寄主表面有自由水，萌发温度为 5～30℃，最适温度为 20～25℃，寄主表面水膜连续保持 3～5 小时，即可侵染。分生孢子借风雨扩展传播。

在果园进入开花期，花朵先发病，落花后遇雨或湿度大，病菌向结果枝扩展，造成小枝枯死或大枝溃疡，坐果后侵染幼果，在幼果上可能有潜伏侵染，到果实成熟期引起褐腐。

4. 防治方法

①消灭越冬菌源，彻底清除病僵果、病枝并集中烧毁。结合果园翻耕，将僵果深埋土中。生长期注意捡拾落病果，清除病菌滋生基础物质。

②发芽前喷 3～5 波美度石硫合剂。

③在初花期，落花后喷 50%甲霉灵 1 000～1 200 倍，或 70%甲基硫菌灵 800～1 000 倍，或 50%多霉灵 1 000 倍，或 40%嘧霉胺 800～1 000 倍。之后，每隔 10 天再喷一次。

④在成熟前 30 天开始喷布 50%甲霉灵 1 000 倍液，或 50%扑海因 1 000 倍，或 24%氰苯唑 2 500～3 000 倍，或 10%苯醚甲环唑水分散粒剂 2 000 倍液。

樱桃幼果期对农药较为敏感，应注意防止药害发生。过氧乙酸、三氯异氰尿酸、氯溴异氰尿酸等药剂均不能在樱桃上应用。

四、樱桃腐烂病

1. 为害症状　樱桃腐烂病多发生在主干和主枝上，造成树皮腐烂，病部紫褐色，后变成红褐色，略凹陷，皮呈湿润状腐烂，组织死后形成凹陷的疤痕。发病后期，剖开表皮可见病部生有很多黑色的小粒点，即病原菌的孢子座。在潮湿的天气孢子器释放出黏滞状的线形弯曲的孢子角，孢子角浅黄色或橙黄色。借助风雨、气流和昆虫传播并感染其他植株。小枝发病后，多由顶端枯死。

2. 病原　属真菌界子囊菌门的核果类溃疡病菌 [*Leucostoma cincta*（Fr.）Hohn.]。病原菌在树皮内产生假子座，假子座圆锥形，埋生在树皮内，顶端突出。子囊壳球形，有长颈，子囊孢子腊肠形。无性态产生分生孢子器。分生孢子由孔口溢出，产生丝状物。

3. 发病规律　生产上遇有冷害、冻害、伤害及营养不足，树势衰弱时极易发病，修剪不当，伤口多，有利于病菌侵染。孢子在春秋两季大量形成，借雨水传播，进行多次再侵染。该病主要为害弱树。在严重发生时病菌侵入树皮，达木质部乃至髓部。较大的伤口可流出树脂。此病病程长，枝条和树干的一侧或全部出现病斑。一般经过 3～4 年死亡。

冻害、日灼伤以及秋冬气温急剧下降引起此病发生。

4. 防治方法

①调运苗木严格检疫。引进苗木栽植前，严格消毒。

②采用树干涂白等防冻措施。防止冻害发生。

③增施有机肥，增强树势，提高树体抗病能力。

④结合冬季修剪，剪除病枝。及时清除僵果、落叶。发现病疤及时刮除，涂抹 80％乙蒜素乳油 100 倍液或喷洒 1 000 倍液，防止流胶。

⑤发病初期喷洒 30％戊唑·多菌灵悬浮剂 1 000 倍液，隔 10 天喷一次，防治 2～3 次。

五、樱桃穿孔病

1. 为害症状　樱桃穿孔病为害叶片、枝梢和果实。

（1）叶片染病。在 5 月末至 6 月初在叶上形成许多直径 0.5～2 毫米的淡红褐色或紫褐色圆形至不规则斑点，四周有水渍状黄绿色晕圈，起初零星分布，后来连成片，病斑常集中在中脉两侧或靠近叶尖部位。在潮湿环境下叶片背面出现淡玫瑰红色的分生孢子器。病斑干后在病健交界处现裂纹产生穿孔。叶片变黄、卷曲并提前脱落。侵染叶柄、果柄和嫩枝后，形成细小的长形深红色斑点。

（2）枝梢染病。产生溃疡斑，下年春长出新叶时，枝梢上产生暗褐色水渍状小疱疹状斑，大小 2～3 毫米。后可扩展到 10 毫米左右。其宽度达枝梢粗度的一半时，有时形成枯梢。

(3) 果实染病。产生中央凹陷的暗紫色边缘水渍状圆斑，湿度大时溢出黄白色黏质物，气候干燥时病斑或四周产生小裂纹。感病果实不能发芽、成熟，含水量大，口味淡，果面常形成相对较大的凹陷褐色斑点，斑点上出现白色孢子堆，使果实霉烂并干枯。

2. 病原 属细菌界薄壁菌门的甘蓝黑腐病黄单胞桃穿孔致病型 [*Xanthomonas campestris* pv. *pruni* (Smith) Dye]。

3. 发病规律 该病是一种广泛流行的病害。病菌主要侵染叶片，有时也侵染未木质化的嫩梢、果柄和果实。病菌以子囊盘和分生孢子盘在枝条上及脱落的病叶上越冬。春季气温上升，温度适宜的雨天有利于该病的发展。樱桃花开时，潜伏在枝条里的细菌从病部溢出，形成子囊孢子和分生孢子，借雨水溅射传播，从叶片的气孔及枝条的、果实的皮孔侵入，成为传播和初次侵染源。一般在5月中下旬开始发病，在夏季干旱无雨时，该病扩展不快，进入秋季在雨水多的季节，常出现第2个发病高峰，造成大量落叶。

经试验，温度在25～26℃潜伏期为4～8天，气温20℃为9天。生产上遇温暖、雨水多或多雾天气该病易流行，湿气滞留的果园及偏施氮肥、树势衰弱树感病重，栽植密度大、管理粗放的果园发病重。

在感病严重时，叶片发病率常在90%～100%，致使大量叶片脱落，致使树势衰弱，不仅使当年的产量锐减，而且使下一年及今后的产量也受到严重影响。特别是抗寒能力差，甚至在冻害相对较轻的情况下亦会因冻而死。

该病对幼苗，特别是苗圃中的实生苗危害很大。

4. 防治方法

①提倡采用避雨栽培法，可有效减轻发病。

②精心管理，采用配方施肥技术，不要偏施氮肥，雨后及时排水，防止湿气滞留。

③结合修剪，特别注意清除病枝、病落叶，集中深埋。

④栽植樱桃提倡单独建园，不要与桃、杏、李、梅等果树混栽，距离要远。

⑤发病前或发病初期喷洒 68％农用硫酸链霉素可溶性粉剂 2 500倍液或 3％中生菌素可湿性粉剂 600 倍液，25％叶枯唑可湿性粉剂 600 倍液，隔 10 天喷一次，防治 2～3 次。

六、樱桃溃疡病

1. 为害症状　樱桃重要的细菌性病害之一，为害主干、主枝、枝条、叶片和果实。

（1）枝干染病。细菌从机械伤口或其他损伤处侵入。染病的骨干枝树皮变褐、隆起、开裂并被树脂覆盖。在潮湿环境下病皮膨胀病渗出黏液，散发出特有的发酵液气味，病皮后期失水凹陷。韧皮部坏死后深达木质部，使木质部腐朽形成空洞。治愈后的伤口周围常形成瘤状的愈伤组织。在树干上有病疤的一侧生长缓慢，另一侧生长稍快或正常。往往使树冠偏向一边形成偏冠。病斑围绕枝条或树干一周时，枝条或整株即干枯死亡。

（2）叶片染病。叶片边缘变褐并沿主脉向上卷曲，产生红褐色至黑褐色圆形斑或角斑，多个病斑往往融合成不规则形的大枯斑，可形成穿孔，叶片干枯并不脱落。不成熟的樱桃果实染病后上呈水渍状病斑，边缘出现褐色坏死，受侵染组织崩解，在果肉里留下深深的黑色带，边缘逐渐由红变黄。枝条染病后产生溃疡，呈水渍状、边缘褐色坏死圆形斑。往往产生流胶，引起枝条枯死。潜伏侵染的花芽在春季不开花，出现枯芽现象。花的枯萎随着侵染的发展迅速扩展到整个花束，以致整个花束成黑褐色。芽、枝条上的溃疡斑逐渐凹陷，且颜色深。进入晚春和夏季经常出现流胶现象。进入秋季和冬季，病菌则通过叶片的伤口侵入枝条，出现病斑几个月后病痕扩展，造成枝梢枯死。在低温条件下由于病原菌具冰核作用，诱导细菌侵入，植株的修剪伤口也为病原菌提供了侵入的途径。

患溃疡病以后大幅度减产，果实品质变坏。病树一般 1～3 年死亡。

2. 病原　属细菌界薄壁菌门的丁香假单胞菌李致病变种

[*Pseudomonas syringae* pv. *morsprunorum*（Wormald）Young et al.]。除侵染樱桃外，还可侵染桃、李、榆叶梅等。

3. 发病规律　病株是传病的菌源。进入春季，气温升高，叶片上的病斑为该病的发生提供了大量的侵染源，病菌借风雨、昆虫及人和工具，嫁接作业和苗木运输传播。病菌经果实、叶、枝梢的伤口、气孔侵入树体后，分泌毒素杀死细胞形成溃疡面，使伤口流胶。秋季叶片上附生的病原菌也成为病原菌侵入樱桃叶片的侵染源。自然传播是近距离的，苗木调运是该病远距离传播的主要途径。

4. 防治方法

①严格检疫。发现有病苗木及时销毁，生产上栽植健康苗木。

②采用樱桃配方施肥技术，增施有机肥，使樱桃园土壤有机质达到 2%，增强树势，提高抗病力。

③发芽前喷洒 5 波美度石硫合剂，发芽后喷洒 50%氯溴异氰尿酸可溶性粉剂 1 000 倍液或硫酸锌石灰液（硫酸锌 0.5 千克、消石灰 2 千克、水 120 千克），每月 1 次。

④发病严重的果园修剪时，每隔半小时要消毒 1 次修剪工具。

七、樱桃黑斑病

1. 为害症状　樱桃黑斑病主要为害甜樱桃叶片，也为害新梢和果实。

（1）叶片染病。叶面上产生圆形灰褐色至茶褐色病斑，直径可达 6 毫米。扩大后产生轮纹，大的 10 毫米，边缘有暗色晕。

（2）果实染病。初生褐色水渍状小点，后扩展成圆形凹陷斑，在湿度大时，病斑上长出灰绿色至灰黑色霉，即病原菌的菌丝、分生孢子梗和分生孢子。

2. 病原　该病主要由真菌侵染所致，属真菌界无性系真菌的樱桃链格孢（*Alternaria cerasi* Potebnia）。分生孢子梗单生或簇生，分隔，基部常膨大，分生孢子单生或成链，倒梨形，褐色，具横隔膜 4～7 个，纵隔膜 1～13 个，分隔处明显缢缩。

3. 发病规律 主要在被害叶片病部或芽鳞片内以菌丝体或分生孢子器越冬。下一年春季，温、湿度适宜时产生子囊和子囊孢子，在樱桃展叶抽条后，随着雨季的来临，分生孢子借助风雨从自然孔口或伤口侵入新梢或叶片（尤其是老叶片）。发病初期，在叶片上形成针头大小紫色斑点，接着逐渐增厚增大，成为为圆形褐色斑，发病后期，病斑逐渐干燥收缩，与周围健康组织分离形成孔洞。一般 5～6 月开始发病，7～8 月发病最重，如果当年雨水较多，容易造成病害流行。可造成早期落叶，还常导致在 8～9 月出现二次开花现象。

一般发病的轻重与树势、降水量和管理水平等均有关系，树势弱、降水多、地势低洼、排水不良以及用药不及时或不对路，发病严重。

4. 防治方法

①打好前期基础。增施磷、钾肥、有机肥，以增强树势。现可用磷酸二氢钾叶面喷肥。如萌芽初期喷 5 波美度石硫合剂，花后喷代森锰锌等保护剂的基础上，中晚熟品种采前 15～20 天与果实全部采完后，要喷有内吸作用的甲基硫菌灵或多菌灵等杀菌剂进行防治。

②发病期喷洒治疗药。7～8 月发现病斑渐多或趋重时，最好喷对病菌具有铲除作用的药剂，如戊唑醇或世高等。若有苹果小卷蛾、舞毒蛾、害螨等危害，可加喷乐斯本、灭幼脲和阿维菌素。

③喷好未病预防药。果实收获后 7～10 天开始，每 10～14 天喷一次戊唑醇悬浮剂 2 000 倍液防治褐斑病，应用 3 次最好。另外，20％苯醚甲环唑微乳剂 2 500 倍液，1.5％噻霉酮水乳剂 1 500 倍液，3％多抗霉素 1 000 倍液对防治樱桃褐斑病的效果也很理想。

八、樱桃白绢病

1. 为害症状 又称茎基腐病。主要发生在樱桃树根颈部，病部皮层变褐腐烂，散发有酒糟味，湿度大时表面生出丝绢状白色菌丝层，后期在地表或根附近生出很多棕褐色油菜籽状小菌核。

2. 病原 为真菌界担子菌门的白绢薄膜革菌 [*Pellicularia rolfsii*（Sacc.）West.]。子实体白色，密织成层。担子棍棒形，产生在分枝菌丝尖端；担孢子亚球形至梨形，无色、单胞。

3. 发病规律 菌核在土壤中能存活 5～6 年，土壤肥料带菌是初始菌源。发病期以菌丝蔓延或小菌核随水流传播进行再侵染。该病多从 4 月发生，6～8 月进入发病盛期，高温多雨易发病。

4. 防治方法

①选栽树势强、抗病的品种，如早大果、美早、岱红、先锋、胜利、雷尼、萨米特、艳阳、拉宾斯等。

②发现病株，要下决心把病株周围病土挖出，病穴及周围用生石灰消毒，也可用 50％石灰水浇灌，或用 30％戊唑·多菌灵悬浮剂或 21％过氧乙酸水剂 1 000 倍液喷淋或浇灌，隔 10 天喷 1 次，连续防治 3～4 次。

③樱桃园提倡开展果园抢墒种草技术，在果园中种植三叶草、草木樨等，根系可以进行生物固氮，翻压后可培肥土壤，又可减少白绢根腐病的发生。

九、樱桃病毒病

1. 为害症状 樱桃病毒病症状常因病原不同而表现多种症状。叶片出现花叶、斑驳、扭曲、卷叶、丛生，主枝或整株死亡，坐果少、果子小、成熟期参差不齐等。一般减产 20％～30％，严重的造成全园毁灭。

2. 病原 随着世界樱桃栽培业的发展，病毒病逐渐成为影响其产量和质量的主要因素。据报道，樱桃属植物病毒主要有 68 种，其中侵染樱桃的病毒有 30 多种，最主要的有樱桃叶斑驳病毒 [*Cherry mottle leaf virus*]、苹果褪绿叶斑病毒 [*Apple chlorotic leaf spot virus*]、樱桃锉叶病毒 [*Cherry rasp leaf virus*]、樱桃扭叶病毒〔*Cherry twisted leaf virus*〕、樱桃小果病毒〔*Little cherry virus*〕、核果坏死环斑病毒〔*Prunus necrotic ring spot virus*〕、樱桃锈斑驳病毒〔*Cherry rusty mottle virus*〕等。

3. 发病规律 樱桃病毒病病原具有前期潜伏及潜伏侵染的特性，常混合侵染。主要通过苗木、接穗、昆虫、土壤中的真菌、线虫传播，很少通过花粉和种子传播。传播昆虫以刺吸式口器的蚜虫、叶蝉、椿象、飞虱、白粉虱等为主，它们在为害樱桃的同时将病毒从病株传播到无病株上。病毒在樱桃树体维管束中随营养流动方向迅速转移，使全树发病。

4. 防治方法

①建园时要选用无毒苗。

②选用抗性强的品种和砧木。

③发现蚜虫、叶蝉等为害时及时喷洒 10％吡虫啉，或 40％吗啉胍·羟烯腺·烯腺可溶性粉剂 800 倍液防治，以减少传毒。

④必要时喷洒 24％混脂酸·铜水乳剂 600 倍液，或 10％混合脂肪酸水乳剂 100 倍液，或 7.5％菌毒·吗啉胍水剂 500 倍液，或 20％盐酸吗啉双胍·胶铜可湿性粉剂 500 倍液，或 8％菌克毒水剂 700 倍液。

十、樱桃皱叶病

1. 为害症状 樱桃皱叶病在 1930 年被 Kinman 等在美国加利福尼亚州发现并命名后，直到 2000 年后在国内才有报道。感病品种多数表现在红灯上，发病区域在山东烟台、泰安及北京等地多个樱桃园。感病后，樱桃叶面表现粗糙的同时，颜色变浅，叶边缘变形或叶子变窄。果实发育缓慢甚至畸形，从而导致产量下降。轻度皱叶病的表型不稳定。

2. 病原及发病规律 迄今为止，已有的国内外研究显示对于樱桃皱叶病的发病机理尚未明确，关于皱叶病致病原因目前尚无定论。

3. 防治方法

①建园时，为防止树体营养失衡、树势减弱，应选择排水较好

的沙质壤土地，不宜选择酸性土壤。

②选择抗病性强的砧木，做好苗木消毒工作。

③在修剪时，一次修剪不宜过重。避免出现大的剪锯口，及时涂抹保护剂，减小感病概率。

第二节　虫害防治

一、红颈天牛

红颈天牛［*Aromia bungii* Fald.］属鞘翅目天牛科。又名桃红颈天牛、红脖天牛。

1. 寄主　此虫在国内分布遍及各省地，寄主除樱桃外还为害桃、杏、梨、梅、苹果、梨、柳等多种果树及林木植物。

2. 为害特点　此虫以幼虫为害枝干，幼虫蛀食皮层和木质部，喜于韧皮部与木质部间蛀食，并形成不规则隧道，长度可达 50～60 厘米，隔一定距离向外蛀 1 个排粪孔，蛀孔外排出大量红褐色虫粪及碎屑，堆满树干基部地面。危害轻者树势衰弱，重者树干被全部蛀空而死。

3. 形态特征

（1）成虫。体长 28～37 毫米，体为黑色，有光泽，是天牛中个体较大的一种。前胸棕红色是此虫的主要特征，故名"红颈天牛"，前胸背板有 5 个突起。雄成虫触角比身体长约 1/2，雌成虫触角比身体稍长。头、翅鞘及腹面有黑色光泽，触角、足有蓝色光泽。前胸的前后缘为黑色，并有细小的横皱纹。

（2）卵。长椭圆形，长径 6～7 毫米，乳白色。

（3）幼虫。体长 42～52 毫米，初龄时乳白色，老熟时黄白色。头小、黑褐色。身体前半部各节略呈扁长方形，后半部稍呈圆筒形，体两侧密生黄棕色细毛。前胸背板前半部横列 4 个黄褐色斑块，背面的两个隔呈扁长方形，前缘中央有凹缺，后半部背面有纵皱纹；位于两侧的黄褐色斑块略呈三角形。胴部各节的背面和腹面都稍微隆起，并有横皱纹。

（4）蛹。体长 35 毫米左右，初为淡黄白色，渐变为黄褐色，羽化前呈黑色。前胸两侧各有 1 个突起。腹部各节背面均有横行 1 排刺毛。

4. 生活史及习性 此虫在山西省中部地区 2 年发生 1 代，以幼虫在树干蛀食的虫道内越冬。第二年 4 月老熟幼虫黏结粪便、木屑在蛀道内化蛹。5 月下旬个别成虫出现，6 月后半月至 7 月上旬成虫发生最盛。成虫喜光，白天栖息于枝干及叶背，交尾后产卵在樱桃、桃、杏主干或主枝的枝杈皮缝处。卵经 10 天孵化为幼虫，先在皮层下蛀食，而后幼虫蛀入木质部危害，把树的枝干蛀成孔道，并向外排出红褐色锯屑状虫粪，排虫粪常造成流胶。枝干被蛀后，满布许多弯曲虫道，严重时树干全被蛀空而死。

5. 防治方法

①成虫出现期捕捉成虫。6～7 月成虫发生盛期，可进行人工捕捉。捕捉的最佳时间在早晨 6 时以前、大雨过后太阳出来时。用绑有铁钩的长竹竿钩住树枝，用力摇动，害虫便纷纷落地，可逐一捕捉。人工捕捉速度快，效果好，省工省药，不污染环境。红颈天牛蛹羽化后，在 6～7 月成虫活动期间，可利用从中午到下午 3 时前成虫有静息枝条的习性，组织人员在果园进行捕捉，可取得较好的防治效果。

②涂白树干。4～5 月即在成虫羽化之前，可在树干和主枝上涂白。把树皮裂缝、空隙涂实，防止成虫产卵。利用红颈天牛惧怕白色的习性，在成虫发生前对主干与主枝进行涂白，使成虫不敢停留在主干与主枝上产卵。涂白剂可用生石灰、硫黄、水按 10∶1∶40 的比例进行配制；也可用当年的石硫合剂的沉淀物涂刷枝干。

③刺杀幼虫。9 月前孵化出的桃红颈天牛幼虫即在树皮下蛀食，这时可在主干与主枝上寻找细小的红褐色虫粪，一旦发现虫粪，即用锋利的小刀划开树皮将幼虫杀死。也可在下一年春季检查枝干，一旦发现枝干有红褐色锯末状虫粪，即用锋利的小刀将木质

部中的幼虫挖出杀死。

④化学防治。根据害虫的不同生育时期，采取不同的方法。6～7月成虫发生盛期和幼虫刚刚孵化期，在树体上喷洒50％杀螟松乳油1 000倍液或10％吡虫啉2 000倍液，7～10天喷一次，连喷几次。再就是虫孔施药，大龄幼虫蛀入木质部，喷药对其已无作用，可采取虫孔施药的方法除治。具体作法是清理一下树干上的排粪孔，用一次性医用注射器向蛀孔内灌注50％敌敌畏800倍液或10％吡虫啉2 000倍液，然后用泥封严虫孔口。

在幼虫危害期，可采用以下药剂进行防治：①用1份敌敌畏、20份煤油配制成药液涂抹在有虫粪的树干部位；②用杀灭天牛幼虫的专用磷化铝毒签插入虫孔；③用植物百部根切成段塞入虫孔，并将孔封严熏杀幼虫。此外，及时砍伐受害死亡的树体，也是减少虫源的有效方法。

二、金缘吉丁虫

金缘吉丁虫（*Lampra limbata* Gebler）属鞘翅目吉丁甲科。别名梨金缘吉丁虫、板头虫、串皮虫、翠兰鞘等。

1. 寄主　除樱桃外，还有梨、苹果、沙果、杏、桃、山楂、槟沙果等多种果树。

2. 为害症状　幼龄幼虫先蛀食绿色皮层，被食部位的皮层组织颜色变深。韧皮部被害后，外表常变黑似腐烂病斑。幼虫于皮下取食时，蛀道内充满褐色虫粪与木屑，蛀道初期呈片状，后扩大为螺纹或迂回状，细枝被害常渗出汁液，被害处后期皮层纵裂或韧皮部与木质部分离，如蛀道形成环状，被害枝或树常致干枯死亡，化蛹时便蛀入木质部内造船形蛹室。

3. 形态特征

（1）成虫。体长13～18毫米，翠绿色，具金色金属光泽。体扁，纺锤状，密布刻点。触角黑色锯齿状。复眼肾形、褐色，头顶中央具倒Y形纵纹。前胸背面具5条蓝色纵纹，中央一条粗而明显。鞘翅具 10 余条纵沟，纵列黑蓝色斑略隆起，翅端锯齿状。前胸背板和鞘翅两侧缘具金红色纹带，故称金缘。雌虫腹末端浑圆，雄虫则深凹。

（2）卵。扁椭圆形，长约 2 毫米，初乳白，后渐变黄褐色。

（3）幼虫。老熟幼虫体长约 33 毫米，扁平，黄白色，无足，头小、黄褐色，胴部前节宽大，体狭长，末节浑圆，前胸背中央具一深色倒 V 形凹纹，腹中央有 1 纵列凹纹，各腹节两侧各具 1 弧形凹纹。

（4）蛹。体长约 17 毫米，初乳白，后渐变黄，羽化前蓝绿色、略有光泽。复眼黑色。

4. 生活史及习性 此虫每年发生代数因地而异。在山西 2 年 1 代。以大小不同龄期的幼虫于被害枝、干皮层下或木质部处越冬，幼龄幼虫多于形成层处，老龄幼虫已潜入木质部处越冬。下一年春季树液开始流动后，幼虫继续为害。3 月下旬开始化蛹，蛹期约 30 天。5 月上旬至 8 月中旬田间均可见到成虫，盛期为 5 月中下旬。卵散产于树皮缝隙处，单雌卵量约 30 粒。成虫寿命 30 天左右。5 月中下旬为产卵盛期，卵期约 10 天，6 月初为孵化盛期。成虫多在白天且气温较高的中午活动，早晚温低时常静伏叶上，遇震动下坠或假死落地。此虫危害程度与树势和品种有关。树势衰弱、枝叶不茂、枝干裸露，则利于成虫栖息与产卵，受害重。适口性好的品种受害重。秋后以各龄期的幼虫于被害处越冬。

5. 防治方法

①冬季或早春刮除老树皮，可刮出刚蛀入树皮的小幼虫，然后涂 5 波美度石硫合剂保护伤口。

②在 5 月中旬至 6 月上旬，利用成虫具假死性的特点，于早晨震打树枝，捕杀成虫，消灭成虫于产卵前。

③于 5 月中下旬果实采收后、成虫发生期喷 80% 敌敌畏 1 000 倍液，或 48% 毒死蜱乳油 800～100 倍液。

④于 7～8 月幼虫初蛀入树皮内为害时，涂抹 5 倍液或 10 倍液

80％敌敌畏杀幼虫。另外用刀挖除皮层下的幼虫，因被害处常有凹陷、变黑症状。

三、桃小蠹蛾

桃小蠹蛾（*Scolytus seulensis* Murayama）属鞘翅目小蠹科。

1. 寄主 主要为害樱桃、杏、桃、李等蔷薇科果树。

2. 为害特点 成虫有假死性，迁飞性不强，就近在半枯枝或幼龄树嫁接部位未愈合部产卵。孵化后的幼虫分别在母坑道两侧横向蛀子坑道，略呈"非"字形，初期互不相扰近于平行，随虫体增长坑道弯曲呈混乱交错。

3. 形态特征

（1）成虫。 长 4 毫米，体黑色，头部短小，触角锤状，复眼黑色。前胸背黑褐色有光泽，鞘翅黄褐色，疏生短绒毛，合拢时形成 U 形黑褐色带，不太规则，有的黑褐色带略成 W 形。鞘翅上有 20 行圆形刻点，内翅中脉有 1 红褐色三角形斑。雄虫体略小。

（2）卵。 椭圆形，体长约 1 毫米，初产乳白色。

（3）幼虫。 体长约 4 毫米，肥胖、略向腹面弯曲，乳白色，老熟时乳黄，头较小、黄褐色，口器色深。

（4）蛹。 裸蛹 4 毫米，初乳白色，后逐渐变深，羽化前同成虫。

4. 生活史及习性 1 年 1 代，以幼虫于为害处的皮层下坑道内越冬。下一年春季老熟，于子坑道端蛀圆筒形蛹室化蛹。羽化后咬圆形羽化孔爬出。6 月间成虫出现，配对、交尾、产卵，多选择在衰弱的枝干上为害，在韧皮部与木质部间蛀纵向母坑道，并产卵于母坑道两侧。

5. 防治方法

①加强果园管理，增强树势，提高树体抗性，可减少发生危害。

②结合果园修剪，彻底清除有虫枝和衰弱枝，集中处理。

③成虫出现时，药剂喷布树干、树枝，可选用80％敌敌畏乳油1 500倍液，半月喷一次，连喷2～3次。或用40％毒死蜱1 500倍液，或20％氰戊菊酯乳油2 000倍液，或氯氰·毒死蜱乳油1 500～2 000倍液。

④在田间放置半枯死或整枝剪掉的树枝，诱集成虫产卵，产卵后集中处理。

⑤保护和引放天敌。在果树生长期，如果虫情不重，一般不要喷药，可利用天敌发挥其自然控制作用。虫害发生较重的果园，要避免使用广谱性杀虫剂，以保护天敌。

四、苹果透羽蛾

苹果透羽蛾（*Conopia hector* Butler），属鳞翅目透羽蛾科。又名苹果小透羽、苹果旋皮虫、串皮小透羽。

1. 寄主 为害寄主除樱桃外还有苹果、桃、梨、李、梅、杏、沙果等。

2. 为害特点 以幼虫蛀大树干、枝干皮层下，食害韧皮部，造成不规则的虫道，深达木质部危害时，被害部常有似烟油状的红褐色粪屑及树脂黏液流出；被害伤口容易遭受苹果腐烂病菌侵染，引起溃烂。病虫并发的果树，树势极度衰弱，严重时出现枯死。

3. 形态特征

(1) 成虫。体长14～16毫米，翅展25～30毫米。全体黑色，并有蓝色光泽。前翅边缘及翅膀黑色，中央部分透明，自前缘至后缘具有较粗的1条黑纹，后翅也为透明状。腹部有2个黄色环纹。雌虫尾部有2个黄色毛丛，雄虫尾毛扇状，边缘黄色。

(2) 卵。扁圆形，长径0.5毫米，初产时淡黄色，表面不光滑，似有白色刻纹，近孵化时变为淡褐色。

(3) 幼虫。体长22～25毫米，头部淡褐色，胴部乳白色，微带黄褐色。体上有稀疏的毛，头部及尾部的毛较长，足短。

(4) 蛹长。体长15毫米，黄褐色，近羽化时黑褐色，腹部各节背面具刺状突起，末端有 6 个小突起。

4. 生活史及习性 此虫 1 年发生 1 代。以 3～4 龄幼虫在被害的树皮下做茧越冬。下一年 3 月下旬开始为害蛀食皮层，被害处有红褐色粪便。4 月中下旬是为害盛期，幼虫多在树皮粗糙裂缝、病疤和翘皮较多的树上为害。此虫为害造成的伤口常为苹果腐烂病病菌侵入树体的门路，而此虫也经常在苹果腐烂病病疤边缘的愈合组织处为害。6 月上旬至 7 月上旬幼虫老熟，在皮下吐丝缀粪便和木屑做茧化蛹，蛹期约半月。6 月下旬至 7 月下旬为成虫发生期。成虫羽化时将蛹壳带出一部分，露于羽化孔外。成虫产卵于树干或大枝缝隙内。成虫白天活动，交尾后 2～3 天产卵，每一雌虫均产卵 22 粒。7 月幼虫孵化蛀入皮层为害。11 月做茧越冬。

5. 防治方法

①秋季和早春发芽前后，用小刀挖出皮层下的幼虫，伤口用石硫合剂或波尔多液浆抹涂消毒。

②6～7 月成虫发生期喷 50％敌敌畏乳剂 1 000 倍液，防治成虫。或用 40％毒死蜱乳油 1 000 倍液，可有效地消灭成虫及初孵幼虫。

③注意保护和利用天敌啄木鸟。

五、桑白蚧

桑白蚧（*Pseudau lacaspis* Pentagona Tar.），属同翅目盾蚧科。又名桑蚧、桑盾蚧、桑介壳虫、桃介壳虫。

1. 寄主 除为害樱桃外，还为害桃、杏、李、苹果、葡萄、核桃、梅、柿、银杏、猕猴桃、柑橘等果树。

2. 为害症状 介壳虫多以成虫、若虫群集在樱桃主干、侧枝、新梢上刺吸液汁，致使枝条发育不良，影响树势，降低产量和品质，严重的造成死芽、死枝。以桑白蚧发生普遍，危害严重。该虫 1 年 3 代，以受精雌成虫在枝干上越冬。以各代成虫和若虫群居于枝干上刺吸汁液危害，造成树势衰弱，影响果品产量、质量，严重时枝条萎缩干枯，以至整株死亡。

3. 形态特征

（1）成虫。 雌成虫橙黄或橙红色，体扁平卵圆形，长约 1 毫米，腹部分节明显。雌介壳圆形，直径 2～2.5 毫米，略隆起，有螺旋纹，灰白至灰褐色，壳点黄褐色，在介壳中央偏旁。雄成虫橙黄至橙红色，体长 0.6～0.7 毫米，仅有 1 对翅。雄介壳细长，白色，长约 1 毫米，背面有 3 条纵脊，壳点橙黄色，位于介壳的前端。

（2）卵。 椭圆形，长径仅 0.25～0.3 毫米。初产时淡粉红色，渐变淡黄褐色，孵化前橙红色。

（3）若虫。 初孵若虫淡黄褐色，扁椭圆形，体长 0.3 毫米左右，可见触角、复眼和足，能爬行，腹末端具 2 根尾毛，体表有绵毛状物遮盖。脱皮之后眼、触角、足、尾毛均退化或消失，开始分泌蜡质介壳。

4. 生活史及习性 主要以受精雌虫在寄主上越冬。春季，越冬雌虫开始吸食树液，虫体迅速膨大，体内卵粒逐渐形成，遂产卵在介壳内，每雌产卵 50～120 粒。卵期 10 天左右（夏秋季节卵期 4～7 天）。若虫孵出后具触角、复眼和胸足，从介壳底下各自爬向合适的处所，以口针插入树皮组织吸食汁液后就固定不再移动，经 5～7 天开始分泌出白色蜡粉覆盖体上。雌若虫期 2 龄，第 2 次脱皮后变为雌成虫。雄若虫期也为 2 龄，脱第 2 次皮后变为前蛹，再经脱皮为蛹，最后羽化为具翅的雄成虫，但雄成虫寿命仅 1 天左右，交尾后不久就死亡。各代若虫发生期分别在 5 月、7～8 月和 9 月。

5. 防治方法 根据桑白蚧虫体结构和为害特点，应采用人工防治、生物防治与化学防治相结合的综合治理办法。

①人工防治。因其介壳较为松弛，可用硬毛刷或细钢丝刷刷除寄主枝干上的虫体。结合整形修剪，剪除被害严重的枝条。

②化学防治。根据调查测报，抓准在初孵若虫分散爬行期实行药剂防治。推荐使用含油量 0.2% 的黏土柴油乳剂（黏土柴油乳剂配制：轻柴油 1 份、干黏土细粉末 2 份、水 2 份，按比例将柴油倒

入黏土粉中，完全湿润后搅成糊状，将水慢慢加入，并用力搅拌，至表层无浮油即制成含油量为 20％的黏土柴油乳剂原液）。或 80％敌敌畏乳剂、50％混灭威乳剂、50％杀螟松可湿性粉剂、50％马拉硫磷乳剂的 1 000 倍液。此外，40％速扑杀乳剂 700 倍液亦有高效。

③保护利用天敌。桑白蚧的天敌种类较多，桑白蚧扑虱蚜小蜂（*Prospaltella beriosei* How）是寄生性天敌中的优势种，红点唇瓢虫（*Chilocorus kuwanae* Silvestri）和日本方头甲（*Cybocophalus nipponicus* Endr&Ouml）则是捕食性天敌中的优势种，它们是在自然界中控制桑白蚧的有效天敌。田间寄生蜂的自然寄生率比较高，有时可达 70％～80％；此外，瓢虫、方头甲、草蛉等的捕食量也很大，均应注意保护。

六、朝鲜球坚蚧

朝鲜球坚蚧（*Didesmococcus koreanus* Borchsenius）别名桃球坚蚧、球坚介壳虫，属同翅目蚧科。

1. 寄主　寄主除樱桃外，还有李、杏、桃、梅、山楂、苹果、梨、楟桲等多种植物。

2. 为害特点　以若虫和雌成虫刺吸枝干、叶片的汁液，同时排泄出的蜜露可诱致煤病发生，削弱树势，影响光合作用，重者枝条或整株干枯死亡。

3. 形态特征

（1）成虫。雌成虫体近半球形，后面垂直，前、侧面下部凹入。触角 6 节，第 3 节最长。足正常，跗冠毛、爪冠毛均细。初期介壳质软、黄褐色，后期硬化、紫色，体表皱纹不显，背面具纵列刻点 3～4 行或无规则，体腹色淡红色，腹面与贴枝处具白色蜡粉。雄虫体长 1.5～2.0 毫米，翅展约 5.5 毫米，红褐色，腹部淡黄褐，眼紫红色，触角丝状 10 节，上生黄白色短毛。前翅白色、透明，后翅特化为平衡棒。介壳长、扁圆形，蜡质表面光滑。

（2）卵。长约 0.3 毫米，卵圆形，半透明，粉红色，初产白色，卵壳上有不规则纵脊并附白色蜡粉。

(3) 若虫。初龄体扁，卵圆形，浅粉红色，腹末具 2 条细毛。固着后的若虫体长约 0.5 毫米，体背被丝状蜡质物，口器棕黄约为体长的 5 倍。越冬后若虫体浅黑褐色并具数十条黄白色条纹，上被薄层蜡质。雌性体长 2.0 毫米左右，有数条紫黑色横纹；雄略瘦小，体表近尾端处有 2 块黄色斑纹，体表中央具 1 条浅色纵隆线，向两侧伸有较显的横隆线 7～8 条。

(4) 雄蛹。裸露赤褐色，体长约 1.8 毫米，腹末具黄褐色刺状突，茧长卵圆形，灰白色半透明。

4. 生活史及习性　此虫 1 年发生 1 代，以 2 龄若虫越冬。第 2 年春季树液流动后开始出蛰在原处活动危害，3 月下旬至 4 月上旬分化为雌、雄性，4 月中旬出现雌、雄成虫，5 月上旬雌虫产卵于介壳下，5 月中旬为若虫孵化盛期。初孵若虫沿枝条迁至叶背固着危害，体背分泌极薄蜡质覆盖，到 10 月脱皮变为 2 龄，然后迁回枝条危害一段时间后即越冬。雌、雄虫皆为 3 龄，脱 2 次皮，单雌产卵 2 500 粒左右，行孤雌与两性生殖；雌、雄比例为 3∶1，全年以 4 月中旬至 5 月上中旬危害最盛。

5. 防治方法

①春季雌虫膨大时人工刷除虫体。

②若虫孵化分散转移期喷药。应着重抓住早春若虫开始活动为害期和 6 月若虫孵化盛期的防治。早春发芽前喷 5 波美度石硫合剂或含油量 5% 柴油乳剂。在若虫孵化盛期喷 0.3～0.5 波美度石硫合剂，或 40% 毒死蜱乳油 1 000 倍液，或 1.8% 阿维菌素乳油 1 000 倍液，隔 10 天喷一次，防治 2～3 次。

③保护天敌黑缘红瓢虫等。

七、梨圆蚧

梨圆蚧［*Diaspidiotus perniciosus*（Comstock）］异名较多，如梨笠圆盾蚧、梨枝圆盾蚧、梨圆介壳虫，属同翅目盾蚧科。

1. 寄主　梨圆蚧分布于世界各地，为害寄主除樱桃外，还有苹果、山楂、梨、核桃、葡萄、李、杏、桃、梅、柿、楒梓及许多林木观赏植物共约 230 种，为国内外检疫对象。

2. 为害症状　以若虫和雌成虫寄生于枝干刺吸汁液，引起皮层木栓化以及使韧皮部、导管组织衰弱，皮层爆裂，抑制生长，引起落叶，严重时枝梢干枯或全株死亡，为害果实多集中于萼洼及梗洼处，被害部出现紫色斑点，严重时阻碍果实生长，降低果品质量。

3. 形态特征

(1) 成虫。雌体长 0.93～1.65 毫米，宽 0.75～1.53 毫米。眼足退化，口器发达，位于腹面中央，臀板极小，近三角形，稍硬化，中臀叶端圆、紧靠，内缘弯曲，具 1 缺刻，第 2 对臀叶小但发达硬化，外缘具 1～2 缺刻，锯齿状有或无。第 3 对叶不明显。介壳近圆形，灰白或灰褐且具同心轮纹。直径约 1.8 毫米，脱皮壳黄或黄褐位于介壳中央。雄体长约 0.6 毫米，黄白，眼暗紫红，触角念珠状、11 节，口器退化，翅展约 1.32 毫米，翅卵圆形、透明，交尾器剑状，介壳长形，脱皮壳位于一端。

(2) 卵。长约 0.23mm，长卵形，初乳白，渐变黄至橘黄，孵化前橘红。

(3) 若虫。初龄卵圆形，橙黄色，长约 0.2 毫米，触角及喙发达，尾端具 2 根毛。脱皮变为 2 龄后，触角、足及眼均消失，外形似雌成虫。

(4) 雄蛹。体橘黄，长约 0.6 毫米，眼点暗紫色，触角、足正常，腹末性刺芽明显，有 2 根毛。

4. 生活史及习性　此虫 1 年发生 2～3 代，以 2 龄若虫和少数受精雌成虫于枝干上越冬。次春树液流动后开始继续危害，之后脱皮分化出雌雄，5 月中下旬至 6 月上旬羽化为成虫，羽化后即行交尾。交尾后雄虫死亡，雌虫继续取食至 6 月中旬开始卵胎生产仔，至 7 月上中旬结束，每雌胎生若虫百余头。产仔期约 20 天，6 月底前后为产仔盛期。第 1 代成虫羽化期为 7 月下旬至 8 月中旬，产仔盛期在 9 月上中旬,产仔期约 38 天。

据报道,在高温、干旱季节,固着不久的初龄若虫常大量死亡。同寄主不同部位、不同品种间受害轻重有明显差异。此虫天敌有瓢虫与寄生蜂等数十种。

5. 防治方法

①实行种苗检疫,对苗木、接穗、果实等调运应进行检查处理,防止传播蔓延。结合修剪剪除虫枝及人工刷擦等处理,刮除越冬虫。

②果树发芽前或 3 月下旬花芽开始萌动时喷 5 波美度石硫合剂或 5％柴油乳剂。如梨园介壳虫严重时在 5％柴油乳剂内加入 500 倍液敌百虫,增加杀虫效果。

③若虫期喷 80％敌敌畏 1 000 倍液、10％吡虫啉可湿性粉剂 2 000倍液、25％噻嗪酮可湿性粉剂 1 000 倍液。成虫期可喷 40％毒死蜱乳油 1 000 倍液。

八、樱桃瘿瘤头蚜

樱桃瘿瘤头蚜〔*Tuberocephalus higansakurea*（Monzen）〕属同翅目蚜科。

1. 寄主 仅为害樱桃树叶片。

2. 为害特点 受害叶片端部或侧缘产生肿胀隆起的伪虫瘿,虫瘿初呈黄绿色,以后变枯黄色,蚜虫在虫瘿内为害和繁殖,5 月底呈黄褐或发黑干枯。

3. 形态特征

（1）无翅孤雌蚜。体长 1.4 毫米,宽 0.9 毫米,头部黑色,胸、腹背面色深,各节间色浅,第 1、第 2 腹节各生 1 条横带与缘斑融合,第 3 至第 8 横带与缘斑融合成 1 个大斑,节间处有时显浅色。体表粗糙,生有颗粒形成的网纹。额瘤明显,内缘向外倾,中额瘤隆起。腹管圆筒形,尾片短圆锥形,生曲毛 4～5 根。

（2）有性孤雌蚜。头部、胸均为黑色,腹部色浅。第 3 至第 6

腹节各生 1 条宽横带或破碎狭小的斑，第 2 至第 4 节缘斑大，腹管后斑大，前斑小或不明显。触角第 3 节具小圆形次生感觉圈 41～53 个，第 4 节具 8～17 个，第 5 节具 0～5 个。

4. 生活史及习性 1 年生多代，以卵在樱桃嫩枝上越冬，下一年春季越冬卵孵化为干母，在樱桃叶端或侧缘产生花生壳状的伪虫瘿，并在瘿内生长发育、繁殖，约 1 个月后，虫瘿内长出有翅孤雌蚜，并向外飞迁。秋季 10 月中下旬，产生性蚜，在樱桃树嫩枝上产卵越冬。

5. 防治方法

①春季结合修剪，剪除虫瘿，集中烧毁。

②保护利用食蚜蝇、蚜茧蜂、瓢虫、草蛉等天敌，有较好的控制作用，不要在天敌活动高峰喷洒广谱性杀虫剂。

③从樱桃发芽至开花前越冬卵大部分已孵化时喷 25％吡蚜酮可湿性粉剂 2 000～2 500 倍液，或 20％吡虫啉可溶性溶剂 2 500 倍液，或 3％啶虫脒乳油 2 000 倍液，或 40％甲基毒死蜱乳油 1 500 倍液。

九、桃蚜

桃蚜〔*Myzus persicae*（Sulzer）〕属同翅目蚜科，又名烟蚜、桃赤蚜、蜜虫、腻虫等。

1. 寄主 为害寄主除樱桃外，还有桃、杏、李、梅、苹果、梨、山楂、柿、柑橘、菠菜、芝麻、茄科、十字花科等 41 科 334 种植物。

2. 为害特点 以成虫或若虫群集在寄主叶背、嫩茎及芽上刺吸汁液，被害叶向叶背面做不规则卷缩。大量发生时，密集于嫩梢、叶片上吸食汁液，致使嫩梢叶片全部扭曲成团，梢上冒油，阻碍了新梢生长，影响果实产量及花芽形成，大大削弱树势。同时其排泄出的蜜露，常诱致煤烟病发生，还可传播病毒。

3. 形态特征

（1）无翅孤雌胎生蚜。体长 1.8～2.6 毫米，宽约 1.1 毫米，体色为绿、黄绿、杏黄和红褐色，一般高温时色淡，低温时色深。复眼暗红，触角黑色呈丝状、6节，第3节色较浅，第5～6节各有感觉孔1个。额瘤显著，向内倾斜。腹背中部有1近方形的暗褐色斑纹，在其两侧有小黑斑1列。腹管较长，圆柱形，但中后部稍膨大，端部黑色，在末端处明显缢缩，有瓦状纹。尾片黑色，圆锥形，中部缢缩，明显短于腹管，着生6～7根弯曲毛。

（2）有翅孤雌胎生蚜。体长1.6～2.1毫米，翅展6.6毫米左右，头、胸部黑色，腹部绿、黄绿、褐至红褐色，复眼红褐色，触角第3节有9～17个次生感觉孔，第5节端部和第6节基部各有1个。额瘤、腹背斑纹、腹管及尾片等均与无翅孤雌胎生蚜相同。

（3）卵。长椭圆形，长径0.7毫米左右，初产时淡绿色，后变漆黑，略有光泽。

（4）若虫。与无翅孤雌胎生蚜相似，仅体较小，呈淡红色。胸部发达，具翅芽。

4. 生活史及习性　此虫华北地区1年发生10余代。桃蚜完成生活周期有两种类型：即侨迁式与留守式。侨迁式者以卵在樱桃、桃、山桃、杏、李、梅等冬寄主的枝梢、芽腋、小枝杈及枝条缝处越冬。早春樱桃芽萌动至开花期越冬卵孵化，若虫为害嫩芽，3月中下旬越冬卵孵化，开始孤雌胎生繁殖。在樱桃树上一般发生3代，初夏为繁殖为害盛期。并开始产生有翅蚜迁至十字花科等寄主上繁殖为害，至10月中旬产生有翅性母，迁回桃树等冬寄主上，由性母产生有性蚜，交配后产卵越冬。留守式者则以卵或成蚜于宿根菠菜，或随蔬菜的收获带入窖中越冬。

影响桃蚜种群数量变动的主要因子有温、湿度。桃蚜在春暖早、雨水均匀的年份发生重，其发育起点温度为4.3℃，以15～17℃增殖最快，高于28℃时数量明显下降，相对湿度在40%以下或80%以上均不利桃蚜的生长繁殖；桃树新梢生长旺盛，有利于桃蚜的生长发育，反之则不利；桃蚜除有捕食性与寄生性天敌外，虫霉菌在20℃以上的温度下，可以控制蚜量增长。

5. 防治方法

①发芽前喷 5%矿物油乳剂杀死越冬卵。

②开花前或落叶后喷 25%吡蚜酮 3 000 倍液，或 10%吡虫啉 3 000倍液。

③落花期，树干涂 3%高渗吡虫啉乳油，或 50%乙酰甲胺磷加水 3 倍液，连涂 2 次，15 厘米宽，涂后用薄膜包扎。2 周后可除去薄膜。

十、梨小食心虫

梨小食心虫 (*Grapholitha molesta* Busck)，属鳞翅目卷蛾科，别名东方蛀果蛾、梨食卷叶蛾、梨姬食心虫、东方果蠹蛾，简称"梨小"。

1. 寄主　主要为害樱桃、梨、桃、杏、苹果等。

2. 为害症状　4 月下旬，首先为害樱桃新梢和果实。新梢被害后先端枯萎下垂，为害幼果后造成大量落果，果实稍大后，则在内蛀食。6 月以后幼虫开始转移梨树上为害梨果，入果孔较大，并有虫粪排出，入果孔周围变黑，逐渐扩大，容易烂。幼虫蛀入果实后，直达果心蛀食。

3. 形态特征

(1) 成虫。体长 4.6～6 毫米，全身灰褐色，头、胸部色较浓，前翅前缘有 8～10 组白色小斜纹，翅中央有 1 个灰白色小点，近外缘有 10 个小暗褐色斑点。

(2) 卵。扁平稍隆起，椭圆形，初产时乳白色，半透明。后变黄色，孵化前变黑褐色。

(3) 幼虫。小幼虫体白色，头及前胸背板黑色。老熟幼虫体长 10～13 毫米，呈淡红色，微带紫色，头部左右两片各成瓜子状，黄褐色，前胸背板显淡黄色，不明显。

(4) 蛹。纺锤形，长 5～8 毫米，黄褐色，腹部背面第 3～7 节，每节有 2 排短刺，前后排列整齐。

（5）**茧**。长椭圆形，长 10 毫米左右，白色，丝质。

4. 生活史及习性 此虫 1 年发生 3～4 代，气候温暖的地方可发生 5 代。以老熟幼虫在树干缝隙、树干基部近土处和草根上结茧越冬。此外，果窖、果筐等也有幼虫越冬。来年 3 月下旬化蛹，4 月中旬开始出现成虫，直到 9 月中下旬，田间均有成虫发生，各代很不整齐。

4 月下旬第 1 代幼虫开始为害樱桃新梢，新梢被害后先端枯萎下垂，一头幼虫可连续为害 2～3 个新梢，果实被害后造成大量落果，当果实稍大后落果可减少。当幼虫老熟时，从梢或果中脱出到粗皮缝中结茧化蛹，羽化为成虫并交尾产卵。6 月中旬出现第 2 代幼虫继续为害新梢，7 月中旬以后转移梨树上为害梨果，蛀果盛期在 8 月中旬至 9 月上旬，晚熟品种受害较重。早期为害的入果孔较大，并有虫粪排出，入果孔周围变黑，逐渐扩大，容易烂。如幼虫为害梨果较晚时入果孔较小。梨小在梨果上产卵，多产于果面，幼虫孵化后，常在果面上爬行 1～2 小时，然后蛀入。幼虫有直至果心为害种子的习性。一个果内往往有 2～3 头幼虫，9～10 月幼虫大部分脱果爬到树皮缝内做茧越冬。有些幼虫随梨果采收后带到贮藏场所陆续脱果做茧越冬。梨小发生与果园树种配置有密切关系，苹果、梨、桃混植的果园受害严重。

5. 防治方法

①刮树皮。早春刮除老翘皮集中烧毁，消灭越冬幼虫。

②剪除被害新梢，特别是在第一代幼虫为害期，应连续彻底剪除虫梢并结合夏季修剪，在 5～6 月也可剪虫梢，集中烧毁。

③及时摘除虫果及捡拾落地虫果，注意处理堆果场所和工具。

④成虫期糖醋液诱杀。糖醋液配制：清水 5 千克，醋 0.5 千克，红糖 0.25 千克（也可用废糖稀代替红糖）。

⑤束草诱杀。于 8 月中旬幼虫脱果前，在树干主枝上绑草把诱杀幼虫，可结合消灭红蜘蛛、苹果小卷叶蛾等害虫，12 月下旬烧毁草把。

⑥化学防治。6月开始喷药在樱桃园。7~8月大量为害梨树时梨园喷药，可喷90％敌百虫1 000倍液，或25％杀虫脒600倍液，或25％灭幼脲2号悬浮剂1 500倍液，或48％毒死蜱乳油1 000~2 000倍液，或4.5％高效氯氰菊酯乳油3 000~4 000倍液等。

⑦避免樱桃、梨混栽及两园相距太近。

⑧生物防治。8月上旬至9月上旬在梨小食心虫卵期释放松毛虫赤眼蜂，每株放2 000头，寄生率高，可压低虫果。据试验，对梨小食心虫采用性诱激素，用乙醚做溶剂10个雌蛾当量（每毫升溶液内含10个雌蛾性激素量）诱杀雄蛾有效。

十一、苹果小卷蛾

苹果小卷蛾［*Adoxophyes orana*（Fischer von Roslerstamm）］属鳞翅目卷蛾科，别名苹卷叶蛾、棉褐带卷蛾、棉小卷叶蛾、茶小卷叶蛾、网纹褐卷叶蛾、远东褐带卷叶蛾、桑斜纹卷叶蛾。

1. 寄主　为害寄主除樱桃外，还有苹果、梨、槟沙果、桃、李、杏、石榴、柿、无花果等。

2. 为害特点　以幼虫为害叶片及果实。

3. 形态特征

（1）成虫。体长6.0~8.0毫米，前翅浅黄褐色，自前缘向后缘和外缘角有2条浓褐色斜纹，其中一条自前缘向后缘达到翅中央部分时明显加宽，似倾斜的h形，前翅后缘肩角处及前缘近顶角处各有1小的褐色纹。

（2）卵。扁平椭圆形，淡黄色、半透明，数十粒排成鱼鳞状卵块。

（3）幼虫。身体细长，长17毫米左右，头较小，呈淡黄色。小幼虫黄绿色，大幼虫翠绿色。

（4）蛹。细长，黄褐色，腹部3~8节有2排刺突，前排粗大，后排细小。尾端有8根钩状刺毛。

4. 生活史及习性　此虫1年发生2代，主要以2龄幼虫在老

树皮、剪锯口等裂皮缝隙中结白色丝茧越冬。次年4月中旬活动为
害，爬至新梢嫩叶内吐丝，将几个叶片缀在一起，潜于其中为害。
幼虫非常活泼，触其头部即迅速后退，受惊能吐丝下坠。幼虫在卷
叶内化蛹，蛹期6～7天。各代成虫发生盛期越冬代6月上中旬，
第1代8月中旬。成虫有趋光性和趋化性，对果汁及果醋趋性较
强。产卵多在叶面，叶背及果面上较少。幼虫害果一般在7～8月，
多在叶果相贴或双果间隙处啃食果面。第二代幼虫10月在树上缝
隙处结茧越冬。

5. 防治方法　一年中仅早春幼虫出蛰期虫态较为整齐，应加
强前期（开花前后）的防治。

①早春刮除老翘皮，去掉吊枝草绳或用50％敌敌畏200倍液
涂抹封闭剪锯口消灭越冬幼虫。

②4月下旬（花前）越冬幼虫出蛰盛期，6月下旬第1代幼虫
大量孵化期和8月中旬第2代幼虫孵化期喷80％敌敌畏乳油
1 500～2 000倍液，或90％敌百虫1 000～1 200倍液，或75％辛
硫磷1 000～1 500倍液。

③成虫发生期，有条件的地区可在苹果园内悬挂糖醋罐或果醋
罐诱杀成虫。

④生物防治。在苹果小卷叶蛾卵期释放松毛虫赤眼蜂，逐株
放，每亩放蜂量1.8万～2万头寄生率高。用性引诱方法诱杀雄
蛾，具体方法是剪取雌蛾腹部末端3节浸泡在二氯甲烷中提取性激
素粗提物，在苹果小卷蛾成虫期晚间挂诱集卡诱扑雄蛾。

十二、舟形毛虫

舟形毛虫［*Phalera flavescens*（Bremer et Grey）］属鳞翅目
舟蛾科，又名苹掌舟蛾、苹果天社蛾、黄天社蛾、黑纹天社蛾、举
尾毛虫。

1. 寄主　为害寄主除樱桃外，还有苹果、梨、桃、杏、李、
梅、山楂、海棠、沙果及榆叶梅、栗、榆等。

2. 为害特点　在一年中，其为后期的食叶害虫，以幼虫取食为害寄主叶片。初龄幼虫只食上表皮与叶肉，残留下表皮，被害处呈黄白色纱网状。稍大后则蚕食全部叶片，仅留主脉或叶柄。常造成二次开花，影响果实的生长和树体的发育，对产量和树势均有较大影响。

3. 形态特征

（1）成虫。为黄白色蛾，头、胸部淡黄色，触角浅黄色，鞭状。前翅为乳白色，上有不太明显的浅褐色波纹，外缘有银灰色和紫褐色各半的斑纹 6 个，近基部有灰褐色圆斑及黑色小点。后翅淡黄色，近外缘处呈灰色，腹部背面被黄褐色绒毛。

（2）卵。圆形，近孵化时淡绿灰色。

（3）幼虫。小幼虫为黄褐色；大幼虫头黑色，体为紫红、紫黑色，体上有黄白色长毛，体侧有紫红色稍带黄色条纹。

（4）蛹。深褐色，纺锤形末端有 6 个短刺。

4. 生活史及习性　在山西省中部地区 1 年发生 1 代。以蛹在根颈附近土中越冬，并度过半个夏季。7 月中旬成虫开始羽化。7 月下旬至 8 月上旬成虫出现最多。成虫喜在傍晚活动，趋光性强，卵产在叶背面，数十粒至近百粒密集排列，卵期约 7 天。7 月下旬开始发现幼虫，8 月中下旬是幼虫为害盛期。幼虫孵化后群集为害，在叶上头部向外，沿叶缘整齐排列，由叶缘向内，吃光叶肉，仅留下表皮和叶脉，叶片呈网状。幼虫长大后即分散为害，食量很大，将叶片全部吃光，仅剩叶柄。幼虫静止时头尾翘起似船形，幼虫有受惊吐丝下垂的习性。9 月上中旬幼虫老熟入土化蛹越冬。

5. 防治方法

①少量发生时，可在幼龄的幼虫群集为害时人工捕杀。

②幼虫为害期用 90％敌百虫 1 000 倍液或 50％敌敌畏 1 000 倍液或杀螟松 1 000 倍液喷洒，消灭幼虫。

③用微生物农药苏云金杆菌，含孢子量 100 亿/克稀释 200 倍液杀幼虫。

十三、梨网蝽

梨网蝽（*Stephanitis nashi* Esaki et Takeya）属半翅目网蝽科，别名梨花网蝽、梨冠网蝽、梨军配虫。

1. 寄主　主要寄主除樱桃外，还有梨、苹果、花红、槟沙果、沙果、海棠、山楂、桃、李、杏、榅桲等多种植物。

2. 为害特点　以成虫、若虫于寄主叶背刺吸危害，被害叶常出现苍白或黄白色斑，并于叶背分泌黏液及排泄物，使叶背或叶片出现黄灰或褐色锈斑，并招致煤烟病发生，引起早期落叶。

3. 形态特征

（1）成虫。体长 2.85～3.37 毫米，体扁、暗褐色，头小、红褐色。触角丝状、浅黄褐色、4 节，其中第 3 节特长，第 4 节端部呈扁球状。复眼褐色，前胸背板向后延伸呈三角形，盖住中脚，两侧缘及背中央各具 1 耳状突起。表面具与前翅类似的网纹。前翅中央具 1 纵隆起，翅脉网纹状，两翅合拢时，翅面黑褐色斑纹常呈 X 形。

（2）卵。长椭圆形，淡黄色，透明，初产淡绿色。

（3）若虫。初龄乳白色近透明，后变浅绿至深褐色。3 龄翅芽明显可见，腹两侧及后缘有 1 圈黄褐色刺状突，并群集叶背危害。老熟若虫头部、脚部、腹部均具刺突，头部 5 根，前方 3 根，中部两侧各 1 根，胸部两侧各 1 根，腹部各节两侧与背面各具 1 根。

4. 生活史及习性　梨网蝽在山西 1 年发生 3～4 代，各地均以成虫于枯枝落叶、枝干翘皮、土石块下、杂草丛中越冬。北方果区 4 月上旬逐渐上树，并先集中于树冠底部叶背危害，以后逐渐向全树扩散，喜中午活动交尾，卵产于叶背靠近叶脉两侧的组织内，每次产卵 1 粒，常数粒乃至数十粒相邻产入组织内。单雌卵量平均 40 粒，卵期约 15 天。各代发生不整齐，5 月后各种虫态同时出现。一年中 7～8 月危害最烈。8 月中下旬全部羽化为成虫，成虫寿命（除越冬代）约 25 天，若虫期约 20 天。成虫随寄主落叶进入越冬状态。

5. 防治方法

①晚秋和早春，结合防治其他害虫，彻底清理园内及附近的落叶、杂草集中处理，树冠、行间平整耙实并刮树皮涂白，或结合深翻措施和树干束草，消灭越冬虫源。

②越冬成虫出蛰上树，第 1 代卵孵化完毕，但第 1 代成虫仅个别羽化时，可结合卷叶虫的防治，喷布 2.5% 三氟氯氰菊酯乳油8 000 倍液，40% 乐果乳油或氧化乐果乳油 1 000 倍液，20% 菊酯乳油 4 500 倍液等均有明显的防效。

十四、茶翅蝽

茶翅蝽（*Halyomorpha halys*）属半翅目蝽科，又名茶色蝽、臭木蝽。

1. 寄主　主要为害寄主除樱桃外，还有苹果、梨、山楂、桃、无花果、石榴、柿等。

2. 为害特点　此虫以成虫、若虫刺吸叶片、嫩梢及果实汁液，叶片、嫩梢被害后，常引起树势衰弱。幼果被害呈畸形，受害处常变硬，味苦，失去食用价值。

3. 形态特征

（1）成虫。体长 12～16 毫米，宽 6.5～9.0 毫米，卵圆形略扁平，浅黄、黄褐、茶褐等色，具黑或紫绿色刻点。翅常呈茶色，基部色较深。触角 5 节，黄褐色。前胸背板前缘具 4 个黄褐色小点。小盾片基部有 5 个小黄点成横列。腹部侧缘各节间具 1 黑斑。腹部腹面浅黄白色，爪黑色。

（2）卵。柱状，长约 1 毫米，卵盖周缘具刺，孵化前黑褐色。卵常平行排列成块状。

（3）若虫。似成虫，初龄长约 1.5 毫米，近圆形，无翅，各腹节两侧节间各具 1 尖削黑斑，共 8 对。胸背两侧具刺突，腹背中部具 5 个长形纵列黑斑，斑中两侧各具 1 黄褐色圆形小点。喙黑色。

4. 生活史及习性　此虫 1 年发生 1 代，以成虫在屋角、树洞、岩石缝、枯枝落叶、石块下越冬。越冬成虫 5 月间陆续出蛰活动，5 月下旬至 6 月陆续产卵，6 月间可见初孵若虫，脱 3 次皮后于 8 月羽化为成虫。危害至 10 月陆续越冬。

成虫日间活动，飞翔力较强，常随时转换寄主危害，卵多块生于叶背，常 20～30 粒平行排列，初龄若虫群集危害，数日后逐渐分散危害，受惊时常分泌臭液。

5. 防治方法

①冬、春越冬成虫出蛰活动前，清理园内枯枝落叶、杂草，刮粗皮，并结合平田整地集中处理，消灭部分越冬成虫。

②在成、若虫危害期，利用其假死性，在早晚进行人工震树捕杀，尤其在成虫产卵前震落捕杀效果更好，同时还可防治具假死性的其他害虫如象甲类、叶甲类、金龟子类等。

③危害严重的果园，在产卵或危害前可采用果实套袋方法防治。此项防治措施可结合疏花疏果进行，制袋可用农膜或废报纸。

④结合其他管理，摘除卵块和初孵群集若虫。

⑤越冬成虫出蛰完毕和若虫孵化盛期或卵高峰期用药喷树，防效很好。使用的药剂有 2.5％溴氰菊酯乳油或高效氯氟氰菊酯乳油 8 000 倍液，或 20％甲氰菊酯乳油或 S-氰戊菊酯乳油 8 500 倍液，5％氯氰菊酯乳油或 2.5％联苯菊酯乳油 8 500 倍液，马拉硫磷乳油或杀螟松乳油 1 500～2 000 倍液，40％氧化乐果乳油或乐果乳油 1 000 倍液，40％地亚农乳油或 40.77％毒死蜱乳油 1 500 倍液，均有良好防效。

十五、绿盲蝽

绿盲蝽（*Lygus lucorum*）属昆虫纲半翅目盲蝽科。

1. 寄主　除为害樱桃外，还为害枣、苹果、梨、桃、葡萄、石榴以及小麦、大麦、高粱、玉米、水稻、豆类、棉花、向日葵、白菜等。

2. 为害特点　以成虫和若虫刺吸樱桃的嫩梢、幼叶、花。被害部位凋萎变黄，严重时枯干。

3. 形态特征

（1）成虫。 体长约 5.0 毫米，宽约 2.5 毫米，黄绿或浅绿色。头部略呈三角形，黄绿色，复眼突出，黑褐色。触角 4 节，约为体长的 2/3。前胸背板深绿色，有极浅的小刻点。小盾片黄绿色，三角形，前胸背板和头相连处有 1 个领状的脊棱。前翅绿色，上有稀疏短毛和细微刻点，膜片透明，暗灰色。腹面绿色，由两侧向中央微隆起，稀有小短毛。

（2）卵。 长口袋形，长约 1.4 毫米，宽约 1.0 毫米，中部稍弯曲，体淡绿或淡黄色。有瓶口状卵盖。

（3）若虫。 共 5 龄，各龄虫体与成虫相似，绿色或黄绿色。单眼桃红色。3 龄翅芽开始出现。

4. 生活史及习性 此虫 1 年发生 3～5 代。北纬 32°以北地区以卵在作物的根茬、果树的嫩枝、断枝茬内及杂草附近的土内越冬。北纬 32°附近地区以卵或成虫均可越冬。越冬卵于 3 月下旬至 4 月初，旬均气温达 10℃以上时开始孵化，5 月初出现第 1 代成虫，6 月初出现第 2 代成虫，成虫寿命长，产卵期持续 35 天左右，所以发生期不一致，各世代相重叠。第 1、第 2 代主要在越冬寄主上危害，部分可迁到小麦等早春作物上危害。成虫有较强的飞翔能力。非越冬卵多产在寄主的嫩叶、叶柄、叶脉、新梢、花蕾等组织内。

天敌有点脉缨小蜂、盲蝽黑卵蜂、柄缨小蜂等多种卵寄生蜂。捕食性蜘蛛、草蛉、姬猎蝽与花蝽对此虫均有一定的控制作用。

5. 防治方法

①冬季清除果园内外的杂草、枯枝，结合修剪剪除断枝，以清除越冬代卵、成虫的生存、繁殖基地。

②化学防治。及时防治越冬代成虫和第 1 代若虫。常用药剂有 50%磷胺乳油，50%马拉硫磷乳油，50%久效灵乳油，50%杀螟松乳油 2 000 倍液，20%灭扫利乳油 4 000 倍液，2.5%敌杀死乳油 4 000 倍液，2.5%功夫乳油 4 500 倍液等均有明显效果。

十六、黄刺蛾

黄刺蛾（*Cnidocampa Flavescens* Walker）属鳞翅目刺蛾科，别名枣八角、八角辣子、洋辣子等。

1. 寄主 此虫分布广，食性很杂，为害寄主多，除樱桃外，还有苹果、桃、杏、李、枣树、山楂、榅桲、柿、栗、石榴、核桃，以及杨、柳、榆、枫、桑、梧桐、楝等。

2. 为害特点 此虫以幼虫取食危害，幼龄幼虫喜群集于叶背啃食叶肉，幼虫长大后逐渐分散，且食量逐之增加，将叶片吃光，残留叶柄，影响树势和次年结果。

3. 形态特征

（1）成虫。 头胸和前翅基部黄色，前翅上有 2 个深褐色斑点，近外缘处有似扇形的棕褐色斑纹，从顶角通过这一斑纹，有一条向内斜伸直至后缘的深褐色纹，后翅及腹部黄褐色。

（2）卵。 扁平，椭圆形，淡黄色。

（3）幼虫。 初孵时为黄色，老熟时黄绿色。背面有紫褐色大斑，胴中部细而两端宽大，各节有肉质枝刺 4 个，胸部上有 6 个，尾部的 2 个枝刺较大。

（4）茧。 椭圆形，有坚硬外壳，像麻雀卵，全面灰白色，有数条暗褐色斜纹。

（5）蛹。 椭圆形，黄褐色。

4. 生活史及习性 1 年发生 1 代，以老熟幼虫在树枝上做茧过冬。次年 5 月中旬化蛹，成虫在 6 月上旬出现。有趋光性，卵产于叶背，数十粒连成一片，卵期 7～10 天。幼虫于 7 月中旬至 8 月下旬发生为害，小时喜群栖，长大则分散，老熟时在枝上结茧过冬。

5. 防治方法

①在冬春季掰虫茧，成虫发生期用灯光诱杀成虫

②幼虫发生期喷 90％敌百虫 1 000 倍液或 50％a

1 000 倍液。

③保护寄生蜂。黄刺蛾的天敌有上海青蜂、黑小蜂等，应注意保护。

十七、扁刺蛾

扁刺蛾 [*Thosea sinensis*（Walker）] 属属鳞翅目刺蛾科，别名扁棘刺蛾、黑点刺蛾。

1. 寄主　寄主除樱桃外，还有苹果、梨、桃、李、杏、枣树、柿、核桃等。

2. 为害特点　似黄刺蛾。

3. 形态特征

(1) 成虫。体长 13～18 毫米，翅展 26～39 毫米，体暗灰褐色。前翅灰褐至浅灰色，内半部及外横线以外带黄褐色并稍具褐色雾点；外横线暗褐色，从前缘近翅尖直向后斜伸至后缘中央前方，横脉纹为 1 黑色圆点。后翅暗灰至黄褐色。前足各关节处具 1 白斑。

(2) 卵。扁长椭圆形，长径约 1.3 毫米，短径约 1.1 毫米，初产黄绿色，后变灰褐色。

(3) 幼虫。老熟幼虫体长 21～26 毫米，扁椭圆形，背部稍隆起，全体绿或黄绿色，背线白色，在背线与体两侧各具 1 列红顶突起，其上生枝刺。背部各节枝刺不发达，腹部第 1～9 节腹侧枝刺发达，上生许多刺毛，中、后胸枝刺明显较腹部枝刺短。

(4) 蛹。体长 10～13 毫米，前钝后尖，近纺锤状，初化蛹为乳白色，后渐变黄色，近羽化时转为黄褐色。

(5) 茧。长 12～16 毫米，椭圆或近圆球形，暗褐色，质硬似鸟卵。

4. 生活史及习性　此虫 1 年发生 1 代，以老熟幼虫于寄主树下周围土中结茧越冬。越冬幼虫于 5 月中旬开始化蛹，蛹期 15 天左右，6 月上旬开始羽化，6 月中旬为羽化产卵盛期，卵期约 1 周，

6月中下旬幼虫孵化为害，至8月中旬幼虫开始陆续结茧越冬。成虫羽化多于下午6～8时进行，羽化后不久即行交尾，至次日夜间产卵，卵散产于叶面，成虫具趋光性。幼虫刚孵时不取食，2龄幼虫啃食卵壳和叶肉，6龄起自叶缘蚕食叶片。幼虫老熟后于早晚沿树干爬下至树冠附近的浅土层、杂草丛、石缝中结茧。在土壤中结茧处的深度和距树干的远近与树干周围土质有关，黏土地结茧位置浅而距树干远，比较分散，沙壤腐殖质多的土壤则深且距树干近，也比较密集。

5. 防治方法

①消灭越冬虫茧。农闲季节可结合清园整地、翻地等农事操作，将收拾的草丛或翻出的茧深埋，可有效地降低次年的虫源基数。

②消灭老熟幼虫。在老熟幼虫下地结茧时，于晚上或清晨扑杀，以减少下一代的虫源基数。

③灯光诱杀。于成虫羽化期，每天晚上7～9时设置黑光灯，诱杀成虫。

④消灭初龄幼虫。因初龄幼虫具群集危害习性，被害寄主叶片出现白膜状，可及时摘除、集中消灭，减轻危害。

⑤在幼虫初孵期喷洒化学农药，有明显的防治效果，杀虫率可达95％以上。或喷布以含孢子100亿/克以上的青虫菌粉1 000倍液，感病率可达80％以上。试验证明50％辛硫磷乳油1 000倍液防治3龄幼虫，效果可达95％以上。

十八、棕边青刺蛾

棕边青刺蛾拉丁学名 *Latoia comsocia* Walker，异名 *Parasa consocia* Walker，属鳞翅目刺蛾科，别名绿刺蛾、曲纹绿刺蛾、棕边绿刺蛾。

1. 寄主 为害寄主除樱桃外，还有苹果、梨、山楂、柿、枣、海棠、核桃、石榴、栗，以及杨、槐、枫、桑等。

2. 为害特点　似黄刺蛾。

3. 形态特征

(1) 成虫。体长约 16 毫米，翅展约 39 毫米，头与胸背绿色，胸背中央有 1 条红褐色纵线。腹部与后翅浅黄色，后翅缘毛棕色，前翅绿色，基部有红褐色大斑，外缘灰黄色，散有暗褐色小点，其内侧有暗褐色波状条带和短横线纹。

(2) 卵。扁平椭圆形，黄白色，长径约 1.5 毫米。

(3) 幼虫。老熟体长 25～28 毫米，头小，体短粗。初龄黄色，稍大转为黄绿色。从中胸至第 8 腹节各有 4 个瘤状突起，瘤突上生有黄色刺毛丛，腹部末端有 4 部丛球状蓝黑刺毛，背线绿色，两侧有浓蓝色点线。

(4) 蛹。长约 13 毫米，椭圆形，黄褐色，蛹外包被丝茧。

(5) 茧。长约 15 毫米，椭圆形，暗褐色。

4. 生活史及习性　此虫 1 年发生 1 代，以老熟幼虫结茧越冬。结茧场所多在树冠下草丛、浅土层内，或于主干基部土下贴近树皮部位。越冬幼虫于 5 月中下旬化蛹，6 月上旬始见成虫，成虫盛发期为 6 月中下旬，卵期 1 周左右；6 月下旬始见幼虫，8 月间为幼虫发生危害最重期，危害至 9 月间开始陆续老熟，入土结茧越冬。成虫有较强的趋光性，昼伏夜出，在夜间交尾、产卵，卵常数十粒集聚成块地产于叶片背面靠近主脉附近，呈鱼鳞状排列，单雌产卵约 150 粒。初孵幼虫常群集危害，吃完卵壳后常数十头密集于一片叶上取食叶肉，残留表皮，2～3 龄后才逐渐分散危害，蚕食叶片，幼虫体上的刺毛丛含有毒腺，人接触后皮肤有肿胀奇痛发痒之感。

5. 防治方法

①清洁果园，消灭越冬茧。在冬春季节清除落叶、树干、主侧枝树皮上，以及干基周围表土中的越冬茧。也可结合刨树盘，挖除越冬茧。

②捕杀初龄幼虫。利用初龄幼虫具群集危害习性，可摘除有虫

叶片集中处理。

③药剂防治。在卵盛期或幼虫初孵期进行喷药防治，使用农药参照黄刺蛾药剂防治。

十九、苹毛丽金龟

苹毛丽金龟（*Proagopertha lucidula* Faldermann）属鞘翅目丽金龟科，又名苹毛金龟子、苹果长毛金龟子。

1. 寄主 此虫食性很杂，主要为害樱桃、苹果、梨、桃、李、杏、海棠、葡萄等果树及杨、柳等多种树木。

2. 为害特点 成虫在花期吃花蕾、花朵和嫩叶等，直接影响植株结果和产量。

3. 形态特征

（1）成虫。体长 8.9～12.5 毫米，卵圆至长卵圆形。头、胸紫铜色，鞘翅茶褐色，具淡绿色光泽，上有纵列成行的细小刻点。触角鳃叶状部 9 节，棒状部 3 节。腹部两侧生有明显的黄白色毛丛。由翅鞘上可以看出后翅折叠呈 V 形，腹端露出翅鞘外方。

（2）卵。椭圆形，长 1.5 毫米，初为乳白色，后成米黄色。

（3）幼虫。体长约 15 毫米，头黄褐色，头部从第一腹节开始，向腹面弯曲成 C 形，胸足细长、5 节，淡黄色，末节跗爪黑色。

（4）蛹。为裸蛹，初期白色，渐变为淡黄色，羽化前为深红褐色。

4. 生活史及习性 此虫 1 年发生 1 代，以成虫在土中越冬。下一年 4 月上中旬果树萌芽期，当平均气温达到 11℃以上时，越冬成虫即出土为害，成虫啃食樱桃花蕾、花，初花期是危害盛期，虫口密度较大常将花蕾吃光造成严重减产。4 月下旬入土产卵。卵多产于 9～25 厘米深土层中，多选择土质疏松且植被稀疏的场所，卵经 27～31 天孵化为幼虫，5 月底至 6 月初为幼虫孵化盛期。8 月中下旬幼虫老熟后在土中化蛹，9 月上中旬变为成虫，当年不出土即在土中过冬。成虫早晚不活动，中午前后气温上升时行动活泼，有假死性，无趋光性。

5. 防治方法

①早晚震树捕杀成虫。

②地面施药，控制潜土成虫。常用 5％辛硫磷颗粒剂，每亩 3 千克撒施，或 40％辛硫磷乳油，每亩 0.3～0.4 千克加细土 30～40 千克撒施，或稀释成 500～600 倍液均匀喷洒地面。使用辛硫磷后应及时浅耙，防止光解。

③在果树吐蕾开花前树上喷 50％敌敌畏 1 000～1 500 倍液。或在开花前结合其他虫害防治兼治。

④在其他寄主植物上注意加强此虫的防治。

二十、白星花金龟

白星花金龟［*Potosia brevitarsis* Lewis］属鞘翅目花金龟科，又名朝鲜白星金龟子。

1. 寄主 除为害樱桃外，还为害苹果、梨、桃、李、杏、葡萄、海棠，以及柳、榆、栎、甜瓜、玉米、高粱等。

2. 为害特点 成虫不仅咬食幼嫩的芽、叶、花，也蛀食果实，常数头、多时数十头群集危害。被害的果实易被病菌感染或招引蝇、蜂继续危害。

3. 形态特征

(1) 成虫。体 20～24 毫米，宽 9～14 毫米。椭圆形，背面较扁平，体壁厚而硬，黑铜色略带有绿色或紫色金属光泽。体表有刻点及许多不规则的白色绒斑。头部较窄，两侧在复眼前有明显凹陷，头部中央隆起。唇基前缘稍向上翻，复眼大而明显。前胸背板前窄后宽呈梯形，小盾片长三角形，平滑，鞘翅阔长形，中部有 1 条弧形纵隆线。腹部枣红色有光泽，腹板有白毛。

(2) 卵。卵圆形，长约 1.8 毫米，乳白色，光滑。

(3) 幼虫。老熟后体长约 35 毫米，头宽 4.1～4.7 毫米。前顶毛每侧 4 根，后顶毛每侧 4 根，臀节腹面密布长短不一的锥刺。

（4）蛹。 裸蛹，体长约 21.5 毫米。无尾角，末端齐圆，有褶边。

4. 生活史及习性 此虫 1 年发生 1 代，以 2 龄或 3 龄幼虫越冬。下一年 5～6 月幼虫老熟后在 20 厘米左右深的土层中做土室化蛹，蛹期 30 天。6～7 月为成虫盛发期，成虫寿命 40～90 天。6 月底 7 月初开始产卵，卵散产在腐殖质多的土中及粪堆等处。幼虫孵化后以腐殖质为食料，夜晚为害植物的根部组织。幼虫期 270 天左右。成虫白天活动，有假死习性，对糖醋液趋向性强。

5. 防治方法 可诱杀，初发期在附近树上挂细口瓶，高度 1.0～1.5 米，在瓶内放 2～3 个白星花金龟，田间的白星花金龟飞到瓶上，先在瓶口附近爬行，以后便掉入瓶中，每亩挂 40～50 个瓶捕杀，效果优异。

二十一、大青叶蝉

大青叶蝉〔*Tettigella viridis*（Linnaèus）〕属同翅目叶蝉科，别名青叶跳蝉、绿叶蝉、大绿浮尘子。

1. 寄主 为害寄主樱桃、苹果、梨、李、桃、沙枣、沙果、海棠、葡萄、杏、枣、柿、核桃、栗、山楂、榅桲等。

2. 为害特点 成、若虫均可刺吸寄主植物的枝、梢、茎、叶，尤其以成虫产卵危害更为严重。成虫于秋末将卵产于幼龄枝干皮层内，产卵时刺破表皮，严重时被害枝条"遍体鳞伤"，再经冬春寒冷及干旱与大风，使其大量失水，导致枝干枯死或全株死亡。

3. 形态特征

（1）成虫。 体长雄虫 7～8 毫米，雌虫 9～10 毫米，黄绿色，头部颜面淡褐色，复眼三角形，绿或黑褐色；触角窝上方、两单眼之间具 1 对黑斑。前胸背板浅黄绿色，后半部深绿色。前翅绿色带有青蓝色泽，前缘淡白，端部透明，翅脉青绿色，具狭窄淡黑色边缘，后翅烟黑色、半透明。腹两侧、腹面及胸足均为橙黄色。跗爪及后足胫节内侧细条纹、刺列的每一刺基部黑色。

（2）卵。长卵形稍弯曲，长约 1.6 毫米、宽约 0.4 毫米，乳白色，表面光滑，近孵化时为黄白色。

（3）若虫。初孵灰白色，微带黄绿，头大腹小，胸、腹背面无显著条纹。3 龄后体黄绿，胸、腹背面具褐色纵列条纹，并出现翅芽。老熟若虫体长 6～7 毫米，形似成虫。

4. 生活史及习性　此虫 1 年发生 3 代，以卵越冬。下一年 4 月孵化。若虫孵出 3 天后开始由产卵寄主上移至禾本科作物上繁殖危害，5～6 月出现第 1 代成虫，7～8 月出现第 2 代成虫，9～11 月出现第 3 代成虫。第 2、第 3 代成虫、若虫主要为害麦类、豆类、高粱及秋菜，至 10 月中旬成虫开始迁至果树上产卵，10 月下旬为产卵盛期，并以卵态于树干、枝条皮下越冬。成、若虫喜栖于潮湿窝风处，有较强的趋光性，常群集于嫩绿的寄主植物上危害，第 1、第 2 代成虫产卵于寄主植物茎秆、叶柄、主脉、枝条组织内。成、若虫受惊后即斜行或横行向背阴处或与惊动所来方向相反处逃避。

5. 防治方法

①秋季第 3 代成、若虫集中到秋菜、冬小麦等秋播作物上危害时，可用马拉硫磷乳油、菊酯类乳油等触杀性强的药剂，以常规浓度使用均有良好防效，如 50％敌敌畏 800～1 000 倍液，可避免转移到果树和苗木上产卵危害。必要时，可喷洒 2.5％高效氯氟氰菊酯 2 000～3 000 倍液，或 10％吡虫啉可湿性粉剂 2 000 倍液，或 52.25％氯氰·毒死蜱乳油 1 500 倍液。

②清除果园及田边杂草，在果园、苗圃及其附近避免种秋菜和冬小麦，以免诱集成虫产卵。但可在园内外适当位置种若干小块秋菜作为诱杀田，及时喷药防治上树产卵。此法经济，效果也好。

③产卵前，提前刷涂白剂，阻止产卵。

④可灯光诱杀成虫。

二十二、小绿叶蝉

小绿叶蝉［*Empoasca flavescens*（Fabricius）］属同翅目叶蝉科，又名桃叶蝉、桃小绿叶蝉、桃小浮沉子。

1. 寄主　主要寄主有樱桃、桃、苹果、梨、柑橘、葡萄、杏、李、山楂、杨梅、油桐以及单、双子叶草本植物。

2. 为害特点　以成虫、若虫群集在叶片背面刺吸汁液，被害叶片出现失绿斑点，严重时全树叶片呈苍白色，提早脱落，削弱树势，降低产量。

3. 形态特征

（1）成虫。体长 3.3～3.7 毫米。体淡绿，头冠淡黄绿。复眼灰褐，无单眼。前胸背板与小盾板鲜绿色。前翅半透明、黄绿色，周缘具淡绿细边；后翅透明具珍珠光泽。胸、腹部腹面为淡黄绿色。腹末端淡青绿色。头冠前伸，前翅端部第 1、第 2 分脉在基部接近但向端部伸出，其间形成一个三角形端室，后翅具亚缘脉，仅 1 端室。

（2）卵。长卵形，乳白色，长径约 0.60 毫米，短径约 0.15 毫米，孵化前出现红色眼点。

（3）若虫。似成虫，老熟体长 2.5～3.5 毫米，体色鲜绿微黄，复眼灰褐色，具翅芽，头冠与腹部各节疏生细毛。

4. 生活史及习性　此虫 1 年发生 5～12 代，以成虫在杂草、落叶、树皮缝隙及冬季的低矮绿色植物中过冬。长江以南天暖即活动；江西次年 3 月上旬始产卵繁殖。北方次春，桃、杏等寄主发芽后始活动为害芽叶。卵散产于新梢及叶脉组织内，产卵前期 4～5 天，卵期 5～20 天，若虫期 8～19 天，非越冬成虫寿命 1 月左右。6 月虫口数量渐增，8～9 月数量最多，危害最甚，旬均温在 15～25℃时适于其生长发育，28℃以上虫口密度即下降；多雨或雨量大、久晴不雨均不利其繁殖。成、若虫白天活动，喜于叶背刺吸汁液与栖息，成虫常以跳助飞，但飞行能力弱，可借风远传。被害叶片出现黄白色斑，严重时全叶苍白或自叶缘逐渐卷缩，秋末以末代成虫越冬。

5. 防治方法

①秋末落叶后刮翘皮，清理果园杂草、落叶，集中烧毁。

②成、若虫危害期可喷药防治，尤以各代若虫孵化盛期防效更好，所用农药见大青叶蝉防治。

二十三、山楂叶螨

山楂叶螨（*Tetranychus viennensis* Zacher）属真螨目叶螨科，又名山楂红叶螨、山楂红蜘蛛、樱桃红蜘蛛。

1. 寄主　为害寄主有樱桃、苹果、梨、桃、杏、李、山楂、樱花、核桃、山桃、榛。

2. 为害特点　山楂叶螨在早春为害芽、花蕾，以后为害叶片，猖獗年份也可为害幼果。芽严重被害后，不能继续萌发而死亡；为害叶片时，常以小群体在叶片背面主脉两侧吐丝结网，多在网下栖息、产卵和危害，受害叶片常从叶背面近叶柄的主脉两侧出现黄白色至灰白色小斑点，继而叶片变成苍灰色，严重时全叶焦枯而脱落。大发生年份，7～8月树叶大部分落光，甚至造成二次开花。受害严重的树，不仅当年减产，而且大大影响了当年的花芽形成和次年的产量。

3. 形态特征

（1）雌成螨。体长约 0.54 毫米，体宽 0.28～0.32 毫米。椭圆形，尾端钝圆，全体深红色。前半体背面隆起，后半体背面有纤细横纹。背毛细长，长短均一，白色，26 根，排成 6 横行，基部无瘤；腹毛 32 根。足 4 对，黄白色。雌成蛾分为冬型和夏型。其区别在于夏型体大，紫红或暗红，体躯背面两侧各有 1 黑色斑块；冬型体小，鲜红或朱红色、有光泽，体背两侧无黑色斑块。

（2）雄成螨。体长约 0.43 毫米，宽约 0.2 毫米，初呈黄绿色，取食后变为绿色，老熟时为橙黄色，体背两侧有黑色斑块。体呈菱形，自第 3 对足后方收缩，尾端较尖。

（3）卵。很小，圆球形，橙红色（前期产的）或橙黄色至黄白色（后期产的）。近孵化时出现 2 个红色眼点。

（4）幼螨。足 3 对，体圆形，乳白色，取食后变为淡绿色卵圆形，体背面两侧出现绿色斑块。

（5）若螨。前期若螨足 4 对，卵圆形，背毛开始出现，淡橙黄色至淡翠绿色，体两侧有明显的黑绿色斑纹，并开始吐丝。后期若螨体形与成螨相似，可辨别雌雄，雌者身体呈卵圆形，雄者身体末端尖削。

4. 生活史及习性 山楂叶螨 1 年发生 7～8 代。以受精的雌成虫在主干、主枝和侧枝的裂皮缝内及主干基部的土缝里越冬。在发生严重的果园，落叶下、杂草根部都有越冬的雌虫。下一年 4 月上中旬花芽膨大时开始出蛰活动，4 月中下旬展叶至初花期为出蛰盛期。越冬雌成虫为害 7～8 天开始产卵，盛花期前后为产卵盛期，卵期 10 天左右。第 1 代卵的孵化盛期在落花后 7～10 天，这时为防治的关键时期。全年叶片上虫口密度最大的时期为 6～7 月。山楂红蜘蛛性不活泼，成小群落为害，在叶背吐丝，随风传播。产卵部位多集中在叶背靠近主脉两侧叶上或丝上。高温干旱是此虫大发生的有利条件，一般 6 月下旬至 7 月上旬防治不及时，常造成叶片枯焦、质硬而脆，早期脱落。

山楂叶螨不十分活泼，常成小群在叶背面危害，并吐丝结网（雄成螨无此习性），卵多产于叶背主脉两边及丝网上。雌螨除进行两性生殖外，还可行孤雌生殖。受精卵孵化为雌性螨，非受精卵孵化为雄性螨。

5. 防治方法 防治山楂叶螨应从果园生态系统做全面考虑，做好果树花前、花后及关键时期的防治，严格控制猖獗期的危害，同时要合理用药，保护和利用天敌。

①结合诱集其他害虫，秋末在寄主树干束草诱集其冬型雌螨，山楂叶螨出蛰前妥善处理；冬闲时结合防治腐烂病，刮除老翘皮下的冬型雌蛾；翻晒根颈周围土层，喷布 0.5～1 波美度石硫合剂或

用无冬型雌螨的新土埋压树干周围地下叶螨，防止其出土上树；清理果园枯枝落叶、土石块，消灭其中冬型雌螨。

②化学防治。抓住防治关键期，进行化学防治，彻底消灭早期危害，控制后期猖獗危害。

在果树发芽前，结合防治白粉病喷洒 3～5 波美度石硫合剂，其中加入 0.2%～0.3%洗衣粉，随兑随用，可兼治苹果白粉病和冬型雌成螨。

果树花前、花后防治。初花期（即花前期）和落花后 1 周（即花后期）分别喷布 0.5 波美度和 0.3 度波美（花后）石硫合剂各 1～2 次。为增加展着性能，石硫合剂中可加 1%～2%生石灰水。此时主要消灭冬型雌成螨和第 1 代活动螨。

果树生长期防治。在麦收前的高温来临前和山楂叶螨产冬卵前是果树生长期的两个药剂防治关键期。这两个时期可选用 0.02～0.08 波美度石硫合剂，对活动螨有特效，但无杀卵作用，73%克螨特乳油混配 20%杀灭菊酯乳油或灭扫利乳油 2 000～4 000 倍液，对山楂叶螨的卵及活动螨均有特效。

防治山楂叶螨时应使用选择性杀螨剂，并注意轮换用药，重点挑治，保护天敌，准确测报，不随意提高浓度和增加打药次数，以减慢抗药性的产生。

③保护天敌。要加强前期防治，6 月以后少用或不用有机氯或有机磷等广谱性杀虫剂，以保护小黑瓢虫、六点蓟马、草蛉、捕食性螨、小花椿象等红蜘蛛的主要天敌。

二十四、二斑叶螨

二斑叶螨（*Tetranychus urticae* Koch）属蛛形纲蜱螨目叶螨科，又名棉叶螨、棉红蜘蛛。

1. 寄主　为温室和大棚栽培的重要害虫，为害樱桃、草莓、棉花、玉米、高粱、苹果、梨、桃、李、葡萄、无花果、西瓜、甜瓜、榆、梅等。

2. 为害特点 主要在叶片背面刺吸汁液。为害初期，叶片正面出现若干针眼般枯白小点，以后小点增多，以致整个叶片枯白。

3. 形态特征

(1) 雌螨。体长 0.43～0.53 毫米，宽 0.31～0.32 毫米。背面观为椭圆形，夏秋活动时期常转为砖红或黄绿色，深秋时多变为橙红色，滞育越冬，体色变为橙黄色。

(2) 雄螨。体长 0.36～0.42 毫米，宽 0.19～0.25 毫米，背面观略为菱形，远比雌螨小，淡黄色或淡黄绿色，活动较敏捷。阳具端锤弯向背面、微小，两侧突起尖利、长度几乎相等。

(3) 卵。直径 0.12 毫米，球形，有光泽，乳白色，半透明，3 天后转黄色，随胚胎发育颜色渐加深，临孵化前出现 2 个红色眼点。

(4) 幼螨。半球形，淡黄色或黄绿色，足 3 对。

(5) 若螨。体椭圆形，足 4 对，静止期绿色或墨绿色。

4. 生活史及习性 1 年发生 12～15 代。二斑叶螨以雌螨滞育越冬，早春气温均温达 5～6℃时越冬雌螨开始活动，6～7℃时开始产卵繁殖，卵期 10 余天，成虫开始产卵至第一代幼虫孵化盛期需 20～30 天，以后世代重叠。随气温升高繁殖加快。6 月中旬至 7 月中旬为猖獗为害期。10 月陆续越冬。在温暖干燥的环境下繁殖快，行两性生殖，亦可孤雌生殖。未受精的卵孵出均为雌螨，每雌螨可产卵 50～110 粒。能在叶背拉丝躲藏，喜群集叶背主脉附近并吐丝结网为害，有吐丝下垂借风力扩散传播的习性。

5. 防治方法

①消灭越冬虫源，清除越冬寄主杂草。

②药剂防治。可用 5%噻螨酮乳油，或 73%克螨特 2 000 倍液，或 10%联苯菊酯 2 000～2 500 倍液，或 15%哒螨灵乳油 2 000 倍液，或胶体硫 200 倍液等喷雾。注意经常更换农药品种，防止产生药害。

二十五、黑腹果蝇

黑腹果蝇（*Drosophila melanogaster* Meigen）属双翅目果蝇科，别名红眼果蝇、杨梅果蝇。

1. 寄主　主要为害樱桃、杨梅等核果类果树。

2. 为害特点　以雌成虫把卵产在樱桃的果皮下，卵孵化后以幼虫取食果肉，极具隐蔽性，造成果实腐烂，对樱桃生产具有严重威胁。

3. 形态特征

（1）成虫。体小，体长 4～5 毫米，淡黄色，尾部黑色；头部生许多刚毛；触角 3 节，椭圆形或圆形，芒羽状，有时呈梳齿状；复眼鲜红色，翅很短，前缘脉的边缘常有缺刻。雌蝇体较大，腹部背面有 5 条黑条纹。雄蝇稍小，腹末端圆钝，腹部背面有 3 条黑条纹，前 2 条细，后 1 条粗。

（2）卵。椭圆形，白色。

（3）幼虫。乳白色，蛆状，3 龄幼虫体长 4.5 毫米。

（4）蛹。梭形，浅黄色至褐色。

4. 生活史及习性　在果实近成熟时进行为害，室温 21～25℃，相对湿度 75％～85％条件下，一代历期 4～7 天，其中成虫期 1.5～2.5 天，卵期 1～2 天，幼虫期 0.6～0.7 天，蛹期 1.1～2.2 天。成虫有一定飞翔能力，可在自然条件下传播为害，主要靠果实调运扩散传播。幼虫老熟后钻入土中或枯叶下化蛹。也可在树冠隐蔽处化蛹。

5. 防治方法

①清除园内杂草、杂物，用 40％辛硫磷乳油 1 000 倍液喷洒地面。

②及时处理落地果实，集中烧毁或深埋，并用 50％敌百虫乳油 500 倍液处理，防治雌蝇产卵。

③进入成熟期之前用 1.8％阿维菌素乳油 3 000 倍液喷洒落

地果。

④保护利用园中蜘蛛网，捕食果蝇成虫。

⑤樱桃进入第一生长高峰配制混合诱杀液诱杀（配方：敌百虫10份，香蕉10份，蜂蜜6份，食醋3份）。

二十六、樱桃叶蜂

樱桃叶蜂（*Trichiosoma bombifouma*）属膜翅目叶蜂科。

1. 寄主 为害樱桃、蔷薇、月季、玫瑰等果树和花卉等。

2. 为害特点 以幼虫咬食寄主叶片。大发生时，常多头幼虫群集在叶背，将叶片吃光。雌虫产卵于枝条，造成枝条皮层破裂或干枯，影响生长发育。

3. 形态特征

（1）成虫。体长7.5毫米，翅黑色，半透明；头、胸部和足黑色，有光泽；腹部橙黄色；触角鞭状3节，第3节最长。

（2）幼虫。体长20毫米，初孵时略带淡绿色，头部淡黄色，后变成黄褐色。胴部各节具3条横向黑点线，黑点上生有短刚毛。腹足6对。

（3）蛹。乳白色。

（4）茧。椭圆形，暗黄色。

4. 生活史及习性 1年1代，以蛹在寄主枝条上越冬。成虫于第二年3月中旬至4月中旬羽化，4月中旬至6月上旬进入幼虫为害期，幼虫期50多天，6月上旬开始化蛹，以后在枝条上越冬。雌成虫产卵时，先将产卵器在寄主新梢上刺成纵向裂口，然后产卵其中，产卵部位常纵向变色，外覆白色蜡粉。幼虫孵化后，转移到附近叶片为害。幼虫取食或静止时，常将腹部末端上翘。

5. 防治方法

①成虫产卵盛期，及时发现并剪除产卵枝梢；幼虫发生期，人工摘除虫叶或捕捉幼虫。

②发生严重时，在幼虫期喷洒 50％杀螟硫磷乳油 2 000 倍液，或 5％天然除虫菊素乳油 1 000 倍液。

二十七、樱桃实蜂

樱桃实蜂属膜翅目叶蜂科。

1. 寄主 寄主仅樱桃。

2. 为害特点 以幼虫蛀入果内，取食果核和果肉。受害果内充满虫粪。后期果顶变红脱落。

3. 形态特征

(1) 成虫。雌虫体长 5.3～5.7 毫米。成虫头、胸、腹背面黑色，复眼黑色，3 单眼橙黄色，触角 9 节、丝状，第 1、第 2 节粗短、黑褐色。中胸背板具 X 形纹。羽透明，翅脉棕褐色。

(2) 卵。乳白色，透明，长椭圆形。

(3) 幼虫。末龄幼虫头浅褐色，体黄白色，胸足不发达，体多皱褶和突起。

(4) 茧。圆柱形、革质，

(5) 蛹。浅黄色至黑色。

4. 生活史及习性 1 年 1 代，4 月下旬开始以老熟幼虫在土中结茧夏眠，12 月中旬开始化蛹，以前蛹期越冬。第二年 3～4 月樱桃开花期羽化，成虫在 17℃以上气温时，飞翔于树冠上空 1～2 米处，在樱桃花期，早、晚、阴天栖息在花冠上，取食花粉补充营养，早晚低温时受震动有假死性。成虫交配后把卵产在花托和花柄表皮下。初孵幼虫爬至花冠从幼果顶部缝合线蛀入，入果孔附近堆有少量虫粪，愈合后为黑色小点。幼虫在果内取食 22～29 天，5 月中下旬至 6 月，老熟幼虫从果柄附近咬一脱果孔坠落地面，入土结茧越夏、越冬。入土深度一般为 8 厘米。

5. 防治方法

①老龄幼虫入土越冬时，可在树体周围深翻杀灭幼虫。在幼果期幼虫尚未脱果时及时摘除虫果深埋。

②樱桃开花初期喷洒80％或90％敌百虫可溶性粉剂1 000倍液，或20％氰戊菊酯乳油2 000倍液，杀灭羽化盛期的成虫，

③卵孵化期，孵化率达5％时，喷洒40％敌百虫乳油500倍液，或50％杀螟硫磷1 000倍液，或25％氯氰·毒死蜱乳油1 100倍液。

第三节　樱桃病虫害防治策略

一、病害防治

相对于虫害的防治，病害防治方法以化学防治为主，石硫合剂、波尔多液对于细菌、真菌都有效。针对细菌性病害，防治药剂可选铜制剂和农用链霉素。防治时期重点在越冬与侵染阶段。在秋季落叶后至萌芽前，树体喷洒波尔多液。谢花后到果实采收前及采收后可喷施2～3次杀菌剂。喷药时要注意天气对药效的影响。在雨前选择保护性杀菌剂如代森锰锌、百菌清等；雨后选择内吸性杀菌剂如异菌脲、戊唑醇等，以保证药效。

二、害虫防治

害虫的防治方法应贯彻"预防为主，综合防治"的八字植保方针，以农业防治、物理防治、生物防治手段为主，化学药剂防治为辅，采取合理的综合防治措施。

（一）农业防治

1. 新建果园防治　最重要的是清除害虫源头。介壳虫类主要通过接穗和苗木传播，因此，在运输及嫁接过程中应加强检疫工作，严防带虫的苗木及接穗进入栽培区。对于小蠹蛾，在果园周边禁止栽植其易为害的树种，如杨树、榆树等，防止扩散传播。为了防治果蝇，在种植甜樱桃时合理搭配早、中、晚品种，并且加大早

熟品种比例。在甜樱桃生长的不同时期采取不同的防治措施。清除果园腐烂水果，在源头上抑制果蝇传播；适当提早采收，错开果蝇的盛发期；对落果、烂果集中处理，杜绝潜在的危害。

2. 多年生果园防治 由于害虫多为弱寄生性害虫，树势越弱越容易发生。因此在生产中加强肥水管理，增强树势，培养壮树，可提高树体抗性，减少危害。与冬季修剪相结合，查找或诱集介壳虫、桃小蠹蛾寄生严重的枝条（主要是二至三年生枝条），直接剪除并集中烧毁。另外，介壳虫在树表皮为害，发现时可用硬刷直接刷掉，还可以在冬季往树上喷洒清水，待结冰后用木棍敲打或震动树枝，使冰与虫体一起掉落。

（二）物理和化学防治

1. 物理防治 利用趋光性，悬挂杀虫灯；或者利用对糖醋的趋性，配制糖醋液。糖醋液诱杀对于蠹蛾、果蝇均有效。此外，武海斌等研究表明黑板和绿板诱集果蝇效果明显。

2. 化学防治 找到防治的关键时期，合理施药。防治桑白蚧的关键时期为花芽萌动期、若虫孵化期和羽化期3个时期。其中前2个时期是化学防治介壳虫的最佳时期，这时可选用毒死蜱、吡虫啉或阿维菌素等低毒农药防治。桃小蠹蛾用药关键时期为成虫羽化期。因不同地区发生代数不一，持续时期长短不同，可用菊酯类杀虫剂（高效氯氰菊酯、氰戊菊酯）每间隔20～30天交替施用，8～9月持续喷药。防治樱桃果蝇关键时期在樱桃成熟前1周。坚持地面、树上同时防治的施药原则，向树上喷施植物性杀虫剂（苦参碱、藜芦碱等），同时在果园行间、地边杂草丛生处，喷施加入糖醋液的杀虫剂农药（毒死蜱、阿维菌素等），效果较为理想。

三、防控工作

樱桃果树发育期1～2个月，具有成熟期早、品质优良的优势，而且避开了害虫的高发期，果树采收前基本可以不施用农药，是深受消费者欢迎、颇具潜力的绿色无公害果品。但是由于国内地形多样、气候多变，仍有各种病虫为害甜樱桃，造成产量品质的降低。如何在保证品质的基础上，有效的防治害虫是甜樱桃植保工作的重点所在。

为了保证果品食用的安全性，首先要改变防治观念，普及植保知识。蛀干类害虫之所以形成危害，主观上是由于重视程度不够，果农往往重视对蛀叶、蛀果类害虫的防治，忽视了蛀干类害虫的防治。客观上是由于蛀干类造成的伤口往往比较隐蔽，不易发现，或者被认为是生理性病害而忽略。因此常常错过了最佳防治时期，最终导致树体死亡的严重后果。

其次应坚持以人工防治、物理防治为主，化学防治为辅的原则，结合生物防治、适期采收等方法，将安全用药作为防治的关键。虽然毛学明等试验表明扑杀磷作为蚧虫的专杀药剂防治桑白蚧若虫、成虫效果好，但是在越冬后第1代发生期，天敌种类和数量多（如主要有软蚊蚜小蜂、红点唇瓢虫和日本方头甲等），且临近收获期，而扑杀磷为高效高毒药剂，因此不宜施用。应以生物农药为主，同低毒农药复配使用。

总之，为了做好樱桃病虫害的防控工作，应从以下几个方面进行研究：

①加强樱桃病虫害的预测预报工作。注意每年的气候变化，密切观测果园周边害虫可能的寄居场所，及早发现病虫害为害症状，及时处理，做好预防工作。

②普及强调无公害观念，加强绿色防控技术研究，侧重抗性品种培养，提倡农业防治、物理防治。

③探讨生物防治技术，加强天敌昆虫、微生物抗菌素、植物性杀虫剂的研究。

④加大科研力度、深度，在分子生物学方面找到合适的防治途径。

第四节　常用农药

一、杀虫剂

(一) 石灰硫黄合剂

1. 产品特点　简称石硫合剂，是一种无机硫类广谱性低毒农药，以杀虫、杀螨作用为主，兼有杀菌效果，其主要成分是多硫化钙。为强碱性药，有侵蚀昆虫表皮蜡质层的作用，所以对具有较厚蜡质层的介壳虫和一些螨卵也有很好的杀灭效果。石硫合剂有臭蛋味，遇酸和二氧化碳易分解，遇空气也易氧化分解，对人的眼睛、鼻黏膜、皮肤有刺激和腐蚀作用。

石硫合剂既可工业化生产（有 29％的水剂和 45％的结晶两种商品），也可自己熬制。

2. 熬制方法　原料配方为生石灰 1 份，硫黄粉 2 份，水 12～15 份。把生石灰放入铁锅中，先加少量水将其化开，制成石灰乳，再加入足量的水，同时烧火加热至沸腾，再用少量的水把硫黄粉调成糊状的硫黄浆，缓慢地倒入锅中，边倒边搅，记下水位线。大火煮沸 45～60 分钟，不断搅拌，并及时补充水量。待药液熬成红褐色，锅底的石灰渣呈黄绿色时即成。沉静后，上层的红褐色液体就是石硫合剂原液。用波美度表示有效成分的含量高低。通常自己熬制的石硫合剂多为 20～26 波美度。

3. 防治对象　主要用于防治叶螨类、锈螨类、介壳虫等害虫及腐烂病、炭疽病等病害。

4. 使用技术　石硫合剂主要在休眠期的春季作为清园剂使用，以铲除在树体上越冬存活的害虫及病菌。此时，一般使用 45％结晶 60～80 倍液，或 29％水剂 30～60 倍液，或 3～5 波美度稀释液喷雾。

石硫合剂的稀释方法，即原液兑水的倍数可用下列方法计算：

$$需兑水倍数 = \frac{原液的波美度数}{计划稀释液的波美度数} - 1$$

例如：原液 20 波美度，计划用药 4 波美度，20/4－1＝4，就是要配制 4 波美度的药液，每千克 20 波美度原液加 4 千克水。

石硫合剂为强碱性药，不能与忌碱性农药品种混用；对金属腐蚀性很强，熬制和存放时不能使用铜、铝器具。自己熬制的石硫合剂贮存时尽量使用小口径瓷缸密封存放，在液面上滴加少许柴油或植物油，可隔绝空气，延长贮存期。

石硫合剂的药效与环境温度成呈相关，温度越高药效越强，温度高时，要降低使用浓度。

（二）苏云金杆菌

1. 产品特点　苏云金杆菌是一种微生物源低毒杀虫剂，以胃毒作用为主。该药作用缓慢，害虫取食后 2 天左右才能见效，持效期约 10 天。对蜜蜂较安全。

不能与内吸性有机磷杀虫剂及杀菌剂混合使用。

2. 防治对象　主要用于防治鳞翅目害虫，如夜蛾类、棉铃虫、毛虫类、尺蠖类、天蛾类、造桥虫类、毒蛾类等。

3. 使用技术　从害虫发生初期或卵孵化盛期开始用药，均匀周到喷雾。一般使用 2 000 单位/微升悬浮液 75～100 倍液，或 4 000 单位/微升悬浮液 150～200 倍液，或 8 000 单位/毫克可湿性粉剂 300～400 倍液。或 16 000 单位/毫克可湿性粉剂 600～800 倍液。

（三）白僵菌

1. 产品特点　白僵菌是一种真菌性杀虫剂，害虫接触其孢子后，孢子会产生芽管，通过皮肤侵入害虫体内，随后长成菌丝，并不断繁殖，以致使害虫死亡。若要害虫死亡，白僵菌需要的适宜温度为 24～28℃，同时需要 90％左右的相对湿度，5％以上的土壤含水量。该药对果树安全，对人、畜无毒，但对蚕有害。感染白僵菌的害虫，一般 4～6 天会死亡。如果将低剂量的化学农药如 48％毒死蜱等与白僵菌混用，会有明显的增效作用。

2. 防治对象　主要用于防治刺蛾、卷叶虫和天牛等害虫。

3. 使用技术　剂型有粉剂。每亩可用粉剂 2 千克加水 75 千克，喷洒地面可有效防治桃小幼虫。为避免受潮失效，应贮存于阴凉干燥处，使用时可加少量洗衣粉或杀虫剂，以提高药效，但不可与杀菌剂混用。

(四) 苦参碱

1. 产品特点　苦参碱是一种生物碱类植物源广谱低毒杀虫剂，从天然植物中提取，对害虫具有触杀和胃毒作用。该药使用安全，对人、畜低毒；不能与碱性药剂混用；应贮存在避光、阴凉、通风处。

2. 防治对象　对夜蛾类、尺蠖类、叶螨类及地老虎均具有很好的防治效果。

3. 使用技术　从害虫发生初期开始喷药，一般使用 0.2% 水剂 150～200 倍液，或 0.3% 水剂 250～300 倍液，或 0.5% 水剂 400～500 倍液，或 1% 可溶性液剂 800～1 000 倍液。

(五) 吡虫啉

1. 产品特点　吡虫啉属吡啶类高效内吸性低毒杀虫剂，具有胃毒和触杀作用，内吸性好，持效期长，对刺吸式口器害虫具有良好的杀灭效果。与其他类型杀虫剂无交互抗性。

2. 防治对象　主要防治多种刺吸式口器害虫，如蚜虫类、飞虱类、粉虱类、木虱类、蓟马类、叶蝉类、盲蝽类等。

3. 使用技术　通过喷雾防治各种害虫。一般使用 5% 制剂 600～1 000 倍液，或 10% 制剂 1 500～2 000 倍液，或 20% 制剂 3 000～4 000 倍液，或 30% 制剂 4 500～6 000 倍液。

吡虫啉对蜜蜂有毒。要特别注意喷药人员的防护。

(六) 啶虫脒

1. 产品特点　啶虫脒属吡啶类杀虫剂，中等毒性，杀虫速度较快，持效期较长，除具有触杀和胃毒作用外，还具有较强的渗透作用。对天敌杀伤力小，对蜜蜂影响小。

与吡虫啉为同类型药剂，两者不宜混合或交替使用。

2. 防治对象 主要用于防治刺吸式口器害虫，如蚜虫类、盲蝽类、木虱类、粉虱类、蓟马类、叶蝉类等。

3. 使用技术 通过喷雾防治害虫。一般使用3％制剂1 500倍液，或5％制剂2 500～3 000倍液，或10％制剂5 000～6 000倍液，或20％制剂10 000～12 000倍液。

（七）阿维菌素

1. 产品特点 阿维菌素是一种微生物代谢产生的高效杀虫、杀螨剂，原药高毒，制剂低毒或中毒。对螨类和害虫具有胃毒和触杀作用，但不能杀灭卵。阿维菌素残留叶面的药剂很少，对天敌杀伤性小。用药持效期可长达30天。与有机磷、拟除虫菊酯及氨基甲酸酯类杀虫剂无交互抗性。对蜜蜂高毒。

2. 防治对象 阿维菌素适用范围极广，对夜蛾类、棉铃虫、木虱类、叶螨类、微型螨类（锈壁虱、瘿螨）、潜叶蛾类、食心虫类、蚜虫类、椿象类、卷叶蛾类均有良好的防治效果。该药杀虫、杀螨速度缓慢。喷药后当天害虫、害螨即停止取食、危害，3～4天才出现死亡高峰。

3. 使用技术 喷雾是常用的施药方法。1.8％的剂型多用3 000～4 000倍液，或3％的剂型用4 500～6 000倍液，5％的剂型多用8 000～10 000倍液。

（八）甲氨基阿维菌素苯甲酸盐

1. 产品特点 甲氨基阿维菌素苯甲酸盐是一种微生物源低毒杀虫、杀螨剂，是在阿维菌素的基础上合成的高效生物制剂，具有活性高、杀虫谱广、可混用性好、持效期长、使用安全等特点，作用方式以胃毒为主，兼用触杀作用。在土壤和环境中易降解、无残留、不污染环境。在常规剂量范围内对有益昆虫及天敌、人、畜安全，对蜜蜂高毒。

不能与碱性药剂混用，不能与百菌清、代森锰锌混用。

2. 防治对象 对夜蛾类、棉铃虫、潜叶蛾、卷叶蛾、叶螨类等多种害虫均具有很好的防治效果。

3. 使用技术　一般使用 0.5％乳油或 0.5％微孔剂 1 500～2 000倍液，或 1.8％乳油 6 000～7 000 倍液，或 2.5％水分散粒剂 8 000～10 000 倍液，或 5％水分散粒剂或 5％可溶粒剂 15 000～20 000倍液，均匀喷雾。

（九）浏阳毒素

1. 产品特点　浏阳毒素是一种由灰色链霉素浏阳变种所产生的具有大环内酯结构的农用抗生素类杀螨剂，通过微生物深层发酵提炼而成，低毒、低残留，对作物及多种昆虫天敌、蜜蜂、家蚕安全。为触杀性杀螨剂，对活动态螨杀灭性强，对螨卵效力较差。

2. 防治对象　浏阳毒素是广谱性杀螨剂，对叶螨、瘿螨均具有很好的防治效果。

3. 使用技术　通过喷雾防治害螨，一般使用10％乳油 1 000～1 500 倍液。可与一般药剂混用，与碱性药剂混用时随配随用。

（十）灭幼脲

1. 产品特点　灭幼脲是一种苯酰胺类特异性低毒杀虫剂，属昆虫生长调节剂类型，对害虫以胃毒作用为主，兼有一定的触杀作用。幼虫取食药剂后，很快停止为害，但不立即死亡，须发育到蜕皮阶段时才发挥药效，一般要经过 3～4 天才显出杀虫效果。持效期可达 15～20 天。在田间降解速度慢，对蜜蜂及有益生物安全。

2. 防治对象　主要用于防治鳞翅目害虫，如夜蛾类、卷叶虫、黏虫等。

3. 使用技术　通过喷雾防治害虫，一般使用25％悬浮剂或25％可湿性粉剂 1 500～2 000 倍液，或 20％悬浮剂 1 200～1 500 倍液喷雾，在低龄幼虫期及卵期效果好，幼虫老熟后用药基本无效。

（十一）辛硫磷

1. 产品特点　辛硫磷是一种有机磷类高效低毒杀虫剂，以触杀和胃毒作用为主，有一定的熏蒸和渗透性，对虫卵也有一定的杀伤效果，无内吸作用。持效期很短，残留风险极小，叶面喷雾一般持效期为2～3天，但药剂施入土中，持效期可达1～2月。

2. 防治对象 辛硫磷防治范围广，如蚜虫类、飞虱类、叶蝉类、蓟马类、尺蠖类、毛虫类、卷叶蛾类、刺蛾类、夜蛾类、棉铃虫、黏虫类及地下害虫（地老虎、蛴螬、蝼蛄、金针虫）等多种害虫均具有很好的杀灭效果。不能与碱性药剂混用。喷药时最好在傍晚进行，尽量降低光解速度。

3. 使用技术 树上喷雾时，一般使用30％微胶囊悬浮剂750～900倍液，或35％微胶囊剂900～1 000倍液，或40％乳油1 000～1 200倍液，或800克/升乳油2 000～2 500倍液。

（十二）毒死蜱

1. 产品特点 毒死蜱属有机磷类高效极广谱杀虫剂，中等毒性，是替代高毒有机磷类杀虫剂的主要品种之一。其具有触杀、胃毒和熏蒸3种杀虫方式。

2. 防治对象 棉铃虫、斜纹夜蛾、茶黄螨、蓟马类、叶甲类、飞虱类、木虱类、卷叶蛾类、食心虫类、食叶毛虫类、椿象类、潜叶蝇类、介壳虫类、微型螨类、蛴螬、地老虎等。

3. 使用技术 在害虫发生初期使用48％乳油或40.7％乳油或40％微乳剂1 000～1 500倍液，或25％乳油700～900倍液，均匀喷雾。

（十三）马拉硫磷

1. 产品特点 马拉硫磷是一种有机磷类广谱性低毒杀虫剂，对害虫具有良好的触杀和胃毒作用，并有一定的熏蒸作用，无内吸性。该药能渗透到植物体内，且在其内容易降解，所以速效性好，持效期短，在低温下药效较差。

2. 防治对象 对飞虱类、叶蝉类、蓟马类、蝗虫类、蟓虫类、蚜虫类、黏虫类、木虱类、盲蝽类、椿象类、食叶甲虫类、食心虫类、潜叶虫类、介壳虫类、尺蠖类、刺蛾类、毛虫类均匀很好的杀灭效果。

3. 使用技术 一般使用 45％乳油 1 000～1 500 倍液，或 70％乳油 1 500～2 000 倍液，均匀喷雾。

（十四）四螨嗪

1. 产品特点 四螨嗪是一种有机氯杂环类触杀性低毒杀螨剂，属胚胎发育抑制剂，对螨卵效果突出，对幼螨、若螨也有一定毒杀作用，对成螨无效。该药作用缓慢，持效期长，可达 50～60 天。

2. 防治对象 属专性杀螨剂，主要用于防治叶螨类、锈螨类等害螨。

3. 使用技术 一般使用 10％可湿性粉剂 800～1 000 倍液，或 20％悬浮剂或 20％可湿性粉剂 1 500～2 000 倍液，或 50％悬浮剂或 500 克/升悬浮剂 4 000～5 000 倍液，均匀喷雾。使用前做好预测预报，在螨卵初孵化期间用药效果最好。

（十五）噻螨酮

1. 产品特点 噻螨酮属唑烷酮类触杀型低毒杀螨剂。对多种植物害螨具有强烈的杀卵、杀幼螨、杀若螨作用，对成螨无效。持效期长，药效可保持在 50 天左右。

2. 防治对象 用于防治叶螨类害螨。

3. 使用技术 在害螨发生初期开始喷药，一般使用 5％可湿性粉剂 1 000～1 500 倍液喷雾。

二、杀菌剂

（一）波尔多液

1. 产品特点 波尔多液是由硫酸铜和生石灰为主料配制而成的一种广谱保护性低毒杀菌剂，其有效成分主要为碱式碳酸铜。该药有工业化生产的可湿性粉剂和田间混配的液剂两种。波尔多液持效期长，耐雨水冲刷，防病范围广，在发病前或发病初期喷洒效果最佳。

工业化生产的可湿性粉剂使用方便，颗粒微细，悬浮性好，喷洒后作物表面没有明显药斑污染，有利于叶片光合作用。

田间配制的波尔多液是用硫酸铜和生石灰加水配制的天蓝色液体。其中因硫酸铜和生石灰的比例不同，配制的波尔多液的药效、持效期、耐雨水冲刷能力及安全性均不同。

2. 配制方法 波尔多液的配制按石灰与硫酸铜的比例不同，而有石灰少量式、石灰等量式、石灰半量式、石灰倍量式、石灰多量式等几种。

田间配制方法。取优质的硫酸铜晶体和生石灰，分别先用少量水消化生石灰和少量热水溶解硫酸铜，然后分别各加入全水量的一半，制成石灰乳和硫酸铜液，待两种液体温度相同，而且不高于环境温度后，将两种液体同时缓慢地倒入第三个容器中，边倒别搅拌。这样配制的波尔多液质量高。

注意波尔多液一般不和其他药剂配合使用。要随用随配，不要久置，避免发生沉淀，影响药效。

3. 防治对象 可防治果树的多种病害，如锈病、轮纹病、褐斑病、炭疽病、缩果病、腐烂病等。

（二）代森锰锌

1. 产品特点 代森锰锌属硫代氨基甲酸酯类广谱保护性低毒杀菌剂。对病害没有治疗作用，必须在病菌侵害寄主前喷施才能获得理想的防治效果。可连续使用，病菌极难产生抗药性。

目前市场上的产品有两类：一类为全络合态结构，另一类不是全络合态结构（又称"普通代森锰锌"）。非全络合态结构的产品防病效果不稳定、不安全，使用不当经常造成不同程度的药害。

2. 防治对象 代森锰锌的防治范围极广。对炭疽病、轮纹病、黑斑病、褐斑病、锈病及锈壁虱等均有良好的预防效果。

3. 使用技术 全络合态产品，80%可湿性粉剂，75%水分散粒剂一般使用800～1 000倍液喷雾。

（三）百菌清

1. 产品特点 百菌清属有机氯类极广谱保护性低毒杀菌剂，没有内吸传导作用，药剂持效期较长。主要是保护作物免受病菌侵染，对已经侵入植物体内的病菌基本无效。必须在病菌侵染寄主作物前用药。不能与碱性药剂混用。

2. 防治对象 可用于防治多种真菌性病害，如灰霉病、疫腐病、炭疽病、白粉病、锈病、黑斑病、褐斑病、叶斑病轮纹病等。

3. 使用技术 在病害发生前，一般使用75％可湿性粉剂或水分散粒剂600～800倍液，或720克/升悬浮剂1 000～1 200倍液，或40％悬浮剂600～800倍液，均匀喷雾。

（四）多菌灵

1. 产品特点 多菌灵是一种高效、低毒、低残留的内吸性广谱杀菌剂，对许多真菌病害均具有较好的保护和治疗作用，而对卵菌和细菌引起的病害无效。该药具有一定的内吸能力，可以通过植物叶片渗入到体内，耐雨水冲刷，持效期长。如连续多次单一使用，易诱导病菌产生抗药性。

2. 防治对象 对根部、叶片、花、果实及贮运期间的多种真菌病害具有良好的治疗和预防作用。如根腐病、紫纹羽病、白纹羽病、白绢病、褐斑病、轮纹病、锈病、炭疽病等。

3. 使用技术 对根部病害，可在清除病根组织的基础上，用药液浇灌树体根部。可用25％可湿性粉剂200～300倍液，50％可湿性粉剂400～500倍液，或80％可湿性粉剂600～800倍液，以树体大部根区土壤湿润为宜。对叶片、果实等部位病害，使用喷雾方法防治。一般使用25％可湿性粉剂300～400倍液，或50％可湿性粉剂600～800倍液，或80％可湿性粉剂1 000～1 500倍液。

（五）甲基硫菌灵

1. 产品特点 甲基硫菌灵是一种取代苯类广谱性治疗性杀菌

剂，低毒、低残留，具有内吸、预防和治疗三重作用。连续使用易诱使病菌产生抗药性。不能与铜制剂及碱性药剂混用。

2. 防治对象　对多种真菌病害具有良好的防治效果，如根腐病、紫纹羽病、白纹羽病、白绢病、褐斑病、轮纹病、锈病、炭疽病等。

3. 使用技术　一般使用50％可湿性粉剂600～800倍液，或70％可湿性粉剂1 000～1 200倍液，均匀喷雾。

（六）三唑酮

1. 产品特点　三唑酮属三唑类内吸治疗性低毒杀菌剂。

2. 防治对象　对锈病和白粉病具有预防、治疗、铲除和熏蒸等多种作用。

3. 使用技术　一般使用15％可湿性粉剂800～1 000倍液，或25％可湿性粉剂1 500～2 000倍液均匀喷雾。

（七）嘧啶核苷类抗生素

1. 产品特点　嘧啶核苷类抗生素是一种微生物源广谱抗生素类杀菌剂，水溶性好、药效稳定、低毒、低残留。

2. 防治对象　对许多植物病原真菌具有强烈的抑制作用。对白粉病、锈病、炭疽病、黑斑病、腐烂病等多种真菌性病害具有很好的防治效果。

3. 使用技术　在病害发生前或发生初期开始喷药，10天左右一次，连喷2～3次。一般使用2％水剂100～200倍液，或4％水剂300～400倍液，或8％可湿性粉剂600～800倍液，或10％可湿性粉剂800～1 000倍液均匀喷雾。

（八）多抗霉素

1. 产品特点　多抗霉素是一种农用抗生素类广谱低毒杀菌剂，具有较好的内吸传导作用，杀菌力强。该药使用安全，对人、畜基本无毒。

2. 防治对象　适用范围极广，对白粉病、黑斑病、褐斑病、炭疽病、轮纹病等多种病害均具有良好的防治效果。

3. 使用技术 一般使用1‰水剂150～200倍液，或1.5‰可湿性粉剂250～300倍液，或3‰可湿性粉剂400～500倍液，或10‰可湿性粉剂1 000～1 500倍液均匀喷雾，在病害发生前或初见病斑时用药效果好。

三、限制使用农药

(一) 高效氯氰菊酯

1. 产品特点 高效氯氰菊酯属拟除虫菊酯类广谱杀虫剂，具有触杀和胃毒作用，中等毒性，对蜜蜂高毒。

2. 防治对象 对许多种害虫均具有很高的杀虫效果。对棉铃虫、尺蠖类、甲虫类、椿象类、木虱类、蓟马类、食心虫类、卷叶虫类、毛虫类、刺蛾类等多种害虫均具有很好的杀灭效果。害虫发生初期喷药效果最好。

(二) 溴氰菊酯

1. 产品特点 溴氰菊酯是一种拟除虫菊酯类中等毒性杀虫剂，以触杀和胃毒作用为主，并对害虫有一定的驱避与拒食作用，无内吸及熏蒸作用。该药属高效、低残留杀虫剂，杀虫谱广，杀虫活性高，击倒速度快。

2. 防治对象 对鳞翅目幼虫杀伤力大，对棉铃虫、夜蛾类、尺蠖类、甲虫类、盲蝽类、椿象类、叶蝉类、木虱类、蓟马类、食心虫类、卷叶虫类、毛虫类、刺蛾类、黏虫类、蝗虫类等多种害虫均具有很好的杀灭效果。

3. 使用技术 一般使用2.5％乳油或2，5％可湿性粉剂1 500～2 000倍液，或50克/升乳油3 000～4 000倍液均匀喷雾。

(三) 氰戊菊酯

1. 产品特点 氰戊菊酯是一种拟除虫菊类广谱中等毒性杀虫

剂，对害虫具有触杀、胃毒和驱避作用，无内吸传导和熏蒸作用。该药具有击倒作用强、杀虫效果快速、杀虫谱广、可杀卵等特点，对螨类无效。

2. 防治对象 对棉铃虫、尺蠖类、甲虫类、椿象类、木虱类、蓟马类、食心虫类、卷叶虫类、毛虫类、刺蛾类等多种害虫均具有很好的杀灭效果。

3. 使用技术 一般使用20％乳油1 000～1 500倍液，或40％乳油2 000～3 000倍液均匀喷雾。

（四）高效氯氟氰菊酯

1. 产品特点 高效氯氟氰菊酯是一种新型除虫菊类广谱杀虫剂；中等毒性，具有触杀和胃毒作用，无内吸作用。在碱性介质和土壤中易分解。

2. 防治对象 对棉铃虫、尺蠖类、甲虫类、椿象类、木虱类、蓟马类、食心虫类、卷叶虫类、毛虫类、刺蛾类等多种害虫均具有很好的杀灭效果。

3. 使用技术 一般使用2.5％乳油1 500～2 500倍液，或4.5％乳油4 000～5 000倍液，或10％可湿性粉剂8 000～10 000倍液均匀喷雾。在害虫卵高峰期至孵化期，或发生初期喷药效果最好。

（五）甲氰菊酯

1. 产品特点 甲氰菊酯是一种拟除虫菊酯类杀虫杀螨剂，中等毒性，具有触杀、胃毒和一定的驱避作用，无内吸、熏蒸作用。该药杀虫谱广，击倒效果快，持效期长，其最大特点是对许多害虫和多种叶螨同时具有良好的防治效果。

2. 防治对象 主要用于防治叶螨类、瘿螨类、棉铃虫、尺蠖类、小绿叶蝉、潜叶蛾、食心虫、卷叶蛾、白粉虱、蓟马及盲蝽类等多种害虫、害螨。

3. 使用技术 主要通过喷雾防治害虫、害螨，在卵盛期至孵化期或害螨发生初期或低龄期使用防治效果好。一般使用20％乳油或 20％水乳剂，或 20％可湿性粉剂 1 500～2 000 倍液，或 10％乳油或 10％微乳剂 800～1 000 倍液，均匀喷雾。在低温条件下药效更好，持效期更长，特别适合早春。

四、其他

（一）涂白剂

1. 原料 生石灰、石硫合剂、食盐、食油、水。

2. 配方 石硫合剂：食盐：生石灰：食油：水＝1：（8～10）：0.15：（20～23）。

3. 制法 用 1/2 的水化石灰，1/2 的水化食盐，兑在一起，再加入石硫合剂、食油。

（二）禁用农药

《中华人民共和国食品安全法》第四十九条规定：禁止将剧毒、高毒农药用于蔬菜、瓜果、茶叶和中草药材等国家规定的农作物；第一百二十三条规定：违法使用剧毒、高毒农药的，除依照有关法律、法规规定给予处罚外，可以由公安机关依照规定给予拘留。2017 年国家禁用和限用的农药名录如下：

1. 禁止生产销售和使用的农药名单 六六六、滴滴涕、毒杀芬、二溴氯丙烷、杀虫脒、二溴乙烷、除草醚、艾氏剂、狄氏剂、汞制剂、砷类、铅类、敌枯双、氟乙酰胺、甘氟、毒鼠强、氟乙酸钠、毒鼠硅、甲胺磷、甲基对硫磷、对硫磷、久效磷、磷胺、苯线磷、地虫硫磷、甲基硫环磷、磷化钙、磷化镁、磷化锌、硫线磷、蝇毒磷、治螟磷、特丁硫磷、氯磺隆、福美胂、福美甲胂、胺苯磺隆单剂、甲磺隆单剂（38 种）。

百草枯水剂自 2016 年 7 月 1 日起停止在国内销售和使用。

胺苯磺隆复配制剂，甲磺隆复配制剂自 2017 年 7 月 1 日起禁止在国内销售和使用。

三氯杀螨醇自 2018 年 10 月 1 日起，全面禁止三氯杀螨醇销售、使用。

2. 限制使用的农药 见表 8-1。

表 8-1 限制使用的农药

中文通用名	禁止使用范围
甲拌磷、甲基异柳磷、内吸磷、克百威、涕灭威、灭线磷、硫环磷、氯唑磷	蔬菜、果树、茶树、中草药材
水胺硫磷	柑橘树
灭多威	柑橘树、苹果树、茶树、十字花科蔬菜
硫丹	苹果树、茶树
溴甲烷	草莓、黄瓜
氧乐果	甘蓝、柑橘树
三氯杀螨醇、氰戊菊酯	茶树
杀扑磷	柑橘树
丁酰肼（比久）	花生
氟虫腈	除卫生用、玉米等部分旱田种子包衣剂外的其他用途
溴甲烷、氯化苦	登记使用范围和施用方法变更为土壤熏蒸，撤销除土壤熏蒸外的其他登记
毒死蜱、三唑磷	自 2016 年 12 月 31 日起，禁止在蔬菜上使用
2,4-滴丁酯	田间试验和登记申请；不再受理、不再受理、批准 2,4-滴丁酯（包括原药、母药、单剂、复配制剂，下同）批准 2,4-滴丁酯境内使用的续展登记申请。保留原药生产企业 2,4-滴丁酯产品的境外使用登记，原药生产企业可在续展登记时申请将现有登记变更为仅供出口境外使用登记
克百威、甲拌磷、甲基异柳磷	自 2018 年 10 月 1 日起，禁止克百威、甲拌磷、甲基异柳磷在甘蔗作物上使用
磷化铝	应当采用内外双层包装。外包装应具有良好密闭性，防水防潮防气体外泄。自 2018 年 10 月 1 日起，禁止销售、使用其他包装的磷化铝产品

第九章
采收、 贮藏及加工

随着樱桃栽培面积的扩大，产量的增加，樱桃的适时采收和贮藏保鲜显得尤为重要。樱桃本身是一种不耐贮运的水果，成熟期又逢夏季来临，气温升高，而且采收期集中，采收后，常温下果实存放期很短，一般只有 3～5 天，就会色泽变暗，果肉腐烂，失去商品价值。若能及时贮藏保鲜，不但可缓解樱桃集中上市的矛盾，并能延长供货期，提高其经济效益。随着樱桃栽培面积和产量的增加，加工是必然的趋向。本章也介绍几种常见加工品的制法。

第一节　适时采收

一、采收时期

采收期的确定会极大地影响樱桃的果实色泽、硬度和含糖量等质量指标。樱桃果实在成熟过程中由于叶绿素降解和花青素的积累，引起色泽的变化，而果肉的绿原酸和单宁的含量等物质含量的变化被认为是影响果实香气和涩味的主要原因。这些果实呈现出的重要的生理化学和形态的变化包括色泽、硬度以及糖含量的变化，色泽和糖是主要的成熟度指标。必须根据这些指标的变化来确定合理的采收期。生产实践证明，过早采收不但影响果实口感品质，还会影响果实的大小，在樱桃生长发育阶段的最后 2 周，果实重量可能增加 30％左右。采收过晚，则会影响果实的贮藏期。

果实的色泽可根据不同品种的色泽特性制定相应的色度指标，同时制定本地合理的折光糖（即可溶性固形物）含量指标和硬度指标，然后依据果实用途来确定合理的采收期。用色度计可测定色泽变化程度，在田间可用樱桃色度图谱板。可用折光仪来测定折光糖含量。

我国樱桃主产区目前均没有可操作的采收标准，果农为赶市场，普遍存在早采现象，因此生产的樱桃在色泽、大小及风味上与国外同品种有很大差距。如国产拉宾斯平均单果重 9.0～10 克，可溶性固形物含量 12.0%～13.0%，果皮色泽为红色；而智利产拉宾斯果实纵横径（3.0～3.5）厘米×（2.5～3.0）厘米，平均单果重 15.0 克，可溶性固形物含量 19.0%，果肉硬，果皮紫黑色。

二、采收

樱桃果实娇嫩，不耐机械碰撞，主要靠人工采摘。采摘时要轻采轻放，用拇指和中指握住果梗，食指按住果梗基部，轻轻上掀，就可采下。采收时果实必须带果梗，不带果梗的果实极易腐烂变质。对未充分成熟果实，有时果梗未形成完全离层，要特别注意，必要时，可用疏果剪采摘。采收用的篮筐，必须垫衬柔软的海绵等材料。

三、果实分级

樱桃果实采后必须进行严格分级，才能进入市场。大批量的樱桃必须经过严格的机械分选，使同一规格包装的樱桃在大小、色泽、风味方面一致，才便于进入高档市场，以致国际市场，实现优质优价。但目前我国樱桃种植是以家庭为单位，规模小、产量低，仍采用传统的采后处理模式，樱桃采后由人工挑拣烂果后直接装箱运到市场。每年因没有先进的采后处理技术和设备造成果实腐烂、相互挤压损失占总产量的 25%～30%，造成巨大的经济损失。这种局面若不迅速改变，必然要影响到广大果农的生产积极性。

　　樱桃早熟品种和中熟品种不耐贮藏，应及时销售处理，计划较长期贮藏的樱桃应选择中晚熟、硬度大、含糖量高的品种，如先锋、拉宾斯、雷尼，乌克兰系列的奇好、胜利、友谊等。准备贮藏的樱桃应在果实八成熟时采收，采收过早，果个小，颜色差，风味淡，品质差，商品率低；采收过晚，果肉变软，贮藏后容易腐烂。如果计划加工制糖水罐头时，要比鲜食的早采；要是计划制酒、制酱的可以适当晚采。

第二节　采后处理

　　樱桃果实采收后的任务是保护果实不受机械伤和尽量减缓果实衰老的生理进程，避免微生物的侵染与发展。因此降温和保湿，极显重要。

　　樱桃果实采后的生理代谢旺盛，呼吸强度很大。据测定，甜樱桃品种的呼吸强度达到 1 000～1 400 二氧化碳毫克/（千克·小时），是苹果、梨的 40～60 倍。而且呼吸高峰出现早，一般在采后 1～4 天，果实极易变质和腐烂。所以，樱桃采收后的及时降温、消毒处理很重要。如在智利，甜樱桃采收后要求在 3～4 小时内运往包装厂，经测定糖、硬度等指标后，迅速进行水冷降温、表面清洗消毒等处理。将果实放在 0～1℃ 的冷水中使果心温度在一定时间内迅速降到 4～6℃，同时对果面进行清洗消毒，可明显延长果实的贮藏期和货架期。

　　水冷较风冷货架期更长，水冷降温快，更平稳。果实经水洗消毒，减缓了衰败的进程而保持了质量，辅助技术如气调及果面涂蜡可降低呼吸速率。蔗糖聚合物涂层可减少氧气的渗透，降低酶的活性，阻止维生素 C 氧化，从而减少樱桃果实中维生素 C 的损失。

　　我国目前甜樱桃采收后不预冷，直接拿到附近市场销售，且集中上市，所以售价低、效益差；有些经销商收购了樱桃存放在冷库以备后期上市，一般只利用冷库预冷，这种预冷一般需 10 小时以上，果实外表已冷但果心温度还较高，在冷藏过程中常有"出汗"

现象，贮藏期仅 1 个月左右，且未经果实表面清洗消毒，贮藏期常发生霉烂，造成损失。

<h2 style="text-align:center">第三节　贮　　藏</h2>

樱桃在贮藏过程中，由于果实呼吸时吸收氧气，放出二氧化碳，使环境中气体成分比例发生改变，氧气浓度降低，二氧化碳浓度升高，使有氧呼吸受到限制，在氧气浓度过低时，会使果实因无氧呼吸而产生异味；当二氧化碳浓度过高时，则会对果实产生二氧化碳伤害，从而导致果实生理失调。樱桃属非呼吸跃变型果实，低温对樱桃的呼吸有明显的抑制作用，品种间也存在很大的差异。因此，在高温季节，采用预冷方法排除田间热与呼吸热，降低果实生理活动与抑制病原菌活动，以期达到降低果实褐变率和腐烂率，延长保鲜期，确保贮藏质量。

品种之间的耐贮性差异很大，中国樱桃多在 5 月上中旬成熟，果实小，果肉软，汁液多，极不耐贮藏。欧洲樱桃中，酸樱桃 90％用来加工，唯有甜樱桃贮藏保鲜意义较大。早熟品种 5 月下旬至 6 月上旬成熟，果实发育期短，果皮薄，肉质密度差，不耐贮藏，只能冷处理进行短期贮藏。晚熟品种 6 月中下旬成熟，果肉致密，对低温适应能力较强。所以，贮藏保鲜要选 6 月中下旬至 7 月上旬成熟的品种。如那翁、宾库、晚黄、晚红、秋鸡心、施密特、天香锦、甜安等。对于新引进的品种，宜先进行贮藏试验，不可盲目用来贮藏。

一、低温冷藏

低温冷藏就是利用低温条件下，把果实的新陈代谢控制在最低限度，以达到提高贮藏效果，延长贮藏时间的方法。低温贮藏的室温升降要稳定，不能忽高忽低，亦不能过低，要掌握在 $0℃±0.5℃$。

1. 操作方法　果实采收后就地分级包装，装入果箱内，移入冷库。入库前，首先对冷库和所有容器进行消毒，最简便的是把冷库密封起来熏硫消毒，具体做法是按每 100 米³ 库容用 1～2 千克硫黄加干锯末点燃，密封 2～3 天后启封排除残毒。

2. 冷库预冷　预冷时把库温降至 −1～0℃。此时库内贮藏的果实便由上而下，由外而里逐渐降温。冷库温度维持在 0℃ 左右，最低不能低于 −1℃，空气相对湿度 90%～95%，贮藏达 2～3 个月左右。在此温度下，可防止果实与果柄的冻伤，同时抑制细菌性腐烂，保持果实原有的色泽和品质。当库内湿度过低时，易造成樱桃果实失水萎蔫，此时可在库内挂草帘喷水增加温度；而湿度过高易引起腐烂病、灰霉病的发生，加重冷寒的症状，此时可打开通风口通风，消除空气中的水分。

3. 低温冷藏应注意的问题　①尽量不与其他果品混存，因其他果品在后熟过程中散发出内源乙烯对樱桃果实起催熟作用；②在冷风机附近，冷风口处和紧靠墙体顶板的地方尽量不要存放樱桃，因这些地方温度较低，易造成冷害，影响贮藏；③当外界气温较高时，从冷库中取出的樱桃果实表面已结水珠，遇高温后，果肉变软，果实色泽暗淡，如在库内先行缓解升温后再出库，则效果较好，但出库后要及时销售，不易久存。

二、气调贮藏

气调贮藏就是人工调节空气成分，减少环境中氧气浓度，增加二氧化碳浓度，再配以适当的低温来综合贮藏保鲜果实的方法。一般采取降低氧气浓度，由 21% 降至 3%～10%，提高二氧化碳浓度，由 0.03% 增加至 10%～20%，以达到抑制果实的呼吸强度，延缓其衰老和变质的过程。在较高浓度的二氧化碳环境条件下，有利于保持果柄的鲜艳绿色和果实的良好光泽及品质，还可降低呼吸消耗并明显抑制病毒的生长繁殖。

气调贮藏包括人工气调和自发气调，人工气调贮藏甜樱桃的适宜条件是温度 0℃，二氧化碳含量 10％～20％，氧含量 3％～5％，空气相对湿度 80％～90％，贮藏期可超过 35 天。

自发气调是利用具有选择性透气性状的聚乙烯袋，采用小纸袋或纸盒，内衬 0.06～0.08 毫米厚的聚乙烯袋扎口贮藏，每件2.0～2.5 千克，在此条件下，甜樱桃可贮藏 30～45 天。采用自发气调贮藏时，袋内二氧化碳浓度不能超过 3％。

采用气调贮藏可以延长甜樱桃的贮藏时间，保持果实的色、香、味、硬度等不发生大的变化。这是因为在果实的贮藏过程中，降低了乙烯的形成，抑制了对贮藏果实的催熟作用，从而减弱了贮藏果实的呼吸作用，延缓了果实的后熟和衰老过程，保持了果实的优良品质，延长了贮藏时间。

气调贮藏应注意的问题：①在入库前，将樱桃果实放在 40 毫克/千克的氯化钙溶液中浸泡 2 小时，增加钙离子从果皮向果肉的转运，有利于增加果实的硬度。浸泡后要晾干。②樱桃果实出库前停止所有气调设备的运转，小开库门缓慢增氧 2～3 天后，库内气体成分逐渐恢复到大气状态后，方可入库操作。

三、减压贮藏

减压贮藏可使果实色泽保持鲜艳，果柄保持青绿，在温度相同的情况下与常压条件相比，果实腐烂发生现象会迟些，经减压贮藏的果实硬度与风味损失也很小。在减压贮藏条件下，樱桃一般可保鲜 6～10 周。

四、涂膜保鲜

涂膜处理是在果实表面形成一层薄膜，樱桃果实可用 N,O-羧甲基壳聚糖涂膜贮藏保鲜 60 天。涂膜能够抵制果实气体交换，降低呼吸强度，从而减少其营养物质的消耗，减少水分蒸发造成的损失，使果实外表饱满新鲜硬度较高。由于有一层薄膜保护，可以明显地减少病原菌的侵染而避免果实腐烂，从而更好地保持果实的营养价值及色、香、味、形，延长果实的货架寿命。

五、保鲜液保鲜

使用蔗糖、葡萄糖或果糖配制浓度为 15％～20％的糖液，原因是樱桃普通自然含糖量为 12％～15％，这样的糖液浓度可以使其渗透压和樱桃内部的渗透压平衡，避免樱桃膨胀破裂或收缩，保持其原有质地。其次，糖液中再加入柠檬酸或食用磷酸，使溶液的 pH 稳定在 3.0～3.5，酸可以抑制微生物的生长，有可以防止樱桃产生不良的酸味。最后可加 0.1％以下的苯甲酸钠作物防腐剂，或苯甲酸钠和山梨酸钠同时使用。另外，如需要提高樱桃的硬度，可加入少量的磷酸酯或丙酸钙。

使用方法：先用清水将樱桃冲洗干净，沥干后，放入预先配置好的保鲜液中樱桃的加入量是保鲜液重量的 60％左右。在自然条件下，可贮存 1～4 个月，即可进行增甜加工。

六、防腐保鲜

樱桃在贮藏过程中，易产生褐腐病、灰霉病、软腐病、炭疽病和青霉病、绿霉病。这些病菌或是采前侵染果实，或是以孢子形式存在于果面，采后通过伤口侵入，在果实表面形成病斑，产生菌丝和孢子，增大侵染源。果实在室温下发病很快，一般 2～3 天全果腐烂，在低温下虽然生长较慢，但在贮藏后期果实的发病也相当严重。

为防止病害发生。首先要搞好田间管理，清除病枝烂果，采前 7 天喷杀菌剂。如 750 毫克/千克速克灵或 500～1 000 毫克/千克扑海因，消灭田间的病源。其次，在采收时精细操作，轻摘轻放，选择适宜的包装。尽量避免果实在采收和贮藏运输环节中产生伤口，以阻止病菌的侵入。以后，在果实采收后及时预冷，尽快降低果实的呼吸强度，保持较高的抗性。同时，可用仲丁胺熏蒸剂杀菌，每千克用 0.1～0.2 克，也可在保鲜袋中放 CT-8 号保鲜剂熏蒸保鲜。有条件的也可用 0.1％噻唑咪唑、0.5％邻苯基酸钠和 0.5％维生素浸果，均能抑制褐变和腐烂病发生。

第四节　保鲜运输

由于樱桃极易变质腐烂，要在远途运输中保持新鲜效果，必须采取以下的措施：选择耐贮运的优良品种；适当地早采，严格挑选果实，尽量减少碰撞等伤害；及时预冷，可采用冷库强风预冷、直接入冷库降温或水冷等方法使果实温度迅速下降到 2℃以下；进行低温包装，长途运输甜樱桃低温冷藏是关键。目前运输甜樱桃一般采用普通卡车，有的通过加冰和采取棉被保温防护措施，仅能达到短期的低温运输效果；也有使用甜樱桃专用保鲜袋（具有良好的调湿、调气功能）＋专用保鲜剂＋抗震、耐压、保温的包装材料（如聚苯乙烯盒等）。但这种处理一般仅能处理小批量产品，且效果不稳定，经常由于天热、路远或路况差而难于达到理想效果。而目前在发达国家，冷链运输已是普通的贮运技术手段。

2007 年以来，为了尽快改变我国在樱桃产后处理领域的落后局面，烟台市农业科学院果树科学研究所通过引进国外樱桃采后处理的先进技术，与国内厂家联合攻关，经过 3 年多的努力，已成功开发出拥有自主知识产权的甜樱桃自动分选机系列机械，及与之配套的水预冷、果面清洗消毒等产品和技术。这些设备和技术的尽快普及和推广，将使国产甜樱桃的贮运期和货架期显著延长。

第五节　加　　工

一、增甜加工

将樱桃从保鲜液中捞出后，沥干。把保鲜液加热浓缩至糖浓度达 28％，将樱桃放入其中浸泡 1 天后捞出。使保鲜液浓度达到

38％后再浸泡，反复 2～3 次。此法加工的樱桃香气和味道都很好。另外，还可以将捞出的樱桃去梗、去核后，放入浓缩至糖度达 45％左右的浓缩液中反复交配约 3 次，可将加工的樱桃作为冰激凌或酸奶配料风味极佳。

二、樱桃脯加工

1. 工艺流程　原料选择→漂洗→预煮→糖渍→日晒→包装。

2. 制作方法

（1）原料选择。选用成熟适度的新鲜果实。

（2）漂洗。摘去果梗，去核，用清水漂洗干净。

（3）预煮。漂洗后在沸水中预煮 4～5 分钟，取出后再用清水漂洗至冷却。

（4）糖渍。放入缸内进行糖渍，每 100 千克果实加砂糖 50 千克，糖渍 12～24 小时。

（5）糖煮。将樱桃连同糖液一起倒入铝锅，每 100 千克樱桃加砂糖 30～35 千克。煮沸后，重新倒入缸内，让其逐渐吸收糖液，经 1～2 天，再次入锅加热，并酌量再加糖 12～18 千克。加热后入缸静置 1～2 天，以后再煮一次。经 3 次加热糖渍后，沥去多余糖液。

（6）日晒。将糖煮后的樱桃均匀地铺在晒床上，在阳光下晒 1～2 天就可干燥。晒时应经常用清洁的湿布擦果实，并加轻揉，以免果实黏着晒床。

（7）包装。除去形状、色泽不良和破损的果实，用塑料薄膜食品袋按千克包装。

3. 质量标准　制 100 千克的成品，约需鲜樱桃 300 千克。制品呈透明美丽的鲜黄色，手摸不黏，食之甜酸适口。

三、樱桃酱加工

1. 原料配方　需樱桃 500 克，水 500 毫升，砂糖 500 克，柠檬酸 3 克。

2. 制作方法

①选择新鲜无腐烂的樱桃，洗净，去核，用组织捣碎机将其搅碎呈泥状。

②将樱桃泥和水倒入锅中，用旺火煮沸后再开锅煮 5 分钟左右，随后加入砂糖和柠檬酸，改用小火煮，并不断搅拌，以免煳锅而影响果酱质量。

③装瓶，消毒。

四、樱桃酒加工

1. 工艺流程

$$果胶酶 \qquad 酵母菌$$
$$\downarrow \qquad\qquad \downarrow$$

原料选择→榨汁→酶解→过滤→酒精发酵→调酒→陈酿→换桶→调配→装瓶→消毒→成品。

2. 操作要领

(1) 原料选择与处理。选择新鲜、成熟度好、无霉烂变质的樱桃果实。破碎去梗，去核，加水 20%～30%，升温至 70℃，保持 20 分钟，趁热榨汁，加入 0.3% 的果胶酶，充分混合，于 45℃ 下澄清 5～6 小时，使果胶充分水解；先虹吸上清液沉淀部分用纱布袋过滤。

(2) 酒精发酵。先向汁液中加入 70～80 毫克/升的二氧化硫杀菌，因为酵母菌适应的糖度为 20%，发酵总糖应达 17%～21%，所以分两次加糖为好，第一次加入总量的 60%，用砂糖将糖度调至 15%，接种 5%～10% 的人工培养酵母进行酒精发酵，当糖度降至 7% 时，再加入余下的 40% 糖，发酵至酒精度达 13 度为止。温度控制在 22～23℃，发酵时间一般 7～10 天。

(3) 调酒度。用脱臭食用酒精或蒸馏酒将酒度调至 18～20 度，若酒度太低易侵染，过高会影响陈酿。

（4）陈酿。将酒液输入橡木桶，在 12～15℃下贮存，初期每周换桶一次，换两次桶后，每隔 3～6 个月换一次桶，每次换桶要清除沉淀，并把桶注满，一般经 2 年时间的陈酿酒成熟，时间越长香味越浓。

（5）调配。加入蔗糖 12%、饴糖 3%、蜂蜜 2%、甘油 0.2% 调整糖度，并加入适量酒精以补充陈酿中的损失。

（6）灭菌。装瓶后，于冷水中升温至 70℃，保持 20 分钟进行灭菌，然后冷却至常温。

3. 质量标准

（1）感官指标。金黄色，透明，无沉淀和悬浮物，具酒香和樱桃果香。

（2）理化指标。酒度 11%～15%，每 100 毫升含总酸（乙酸）0.45～0.65（克）、总糖（葡萄糖）4 克、挥发酸≤0.11 克。

五、樱桃露酒加工

樱桃富含营养，每 100 克鲜果中含糖 8 克、蛋白质 1.2 克、钙 18 毫克、磷 27 毫克、铁 5.9 毫克、维生素 C 12.6 毫克，还含有多种其他维生素。这些成分进入酒中，使酒味酸甜可口，醇厚香郁，酒度为 12～16 度。

1. 原料（按生产 1 000 千克成品酒汁） 樱桃原汁 200 千克，酒精（86%）180 千克，砂糖 150 千克，甘油 2 千克，柠檬 3 千克。

2. 工艺流程

酒精　　　　　水果胶酶
　↓　　　　　　↓
樱桃原汁→调配→浸泡→酶处理→过滤→离子交换→调整→密封→过滤→灌装→成品。

3. 操作要点

（1）调配将樱桃原汁、水、酒精按 2∶4∶1 的比例混合均匀，放置 7 天。

(2) 酶处理。樱桃汁中果胶含量较高，混合液混浊易产生沉淀，加入相当于樱桃汁量 0.05％的果胶酶，搅拌均匀，静置 6 小时，进行澄清处理。

(3) 除涩调整。用钠型强酸离子对上清液进行树脂交换，除去涩味，突出樱桃香味，并将糖度、酒度分别调整至 12％、16 度。

(4) 陈酿、过滤、装瓶。将调好的酒度密封贮藏 3 个月以上进行陈酿，然后过滤装瓶即为成品。

4. 质量标准

(1) 感官指标。无色透明，醇厚柔和，具樱桃香味，无明显苦辣味及异味。

(2) 理化指标。酒度（20℃）16％，每 100 毫升酸度（柠檬酸）0.6 克，糖度（葡萄糖）12.0％。

第十章

樱桃设施栽培

樱桃的设施栽培，由于将樱桃置于可控制的环境内，通过促成栽培技术可大大提早上市，补充早春市场无新鲜果品的空缺，而且可以避免各种不利的自然气候的影响，如可避免最易造成伤害的早春晚霜冻害、大风为害、灰尘污染等，还可在一定程度深减轻病虫害的影响，达到生产绿色果品的目标。近年来，设施栽培的面积迅速扩大，成为广大果农脱贫致富的有效途径之一。

设施条件改善了樱桃生长的环境条件，从而使可进行樱桃栽培的地区大大增加。樱桃生长期在华北地区可延长到 270 天左右。可以进行人工调节樱桃的成熟期。

表 10-1 设施条件对气温和地温的增效作用

（辽宁省农业科学院果树研究所）

类型	日平均气温≥10℃			日最低气温≥0℃			20 厘米地温≥15℃		
	始期 （月/日）	终期 （月/日）	天数 （天）	始期 （月/日）	终期 （月/日）	天数 （天）	始期 （月/日）	终期 （月/日）	天数 （天）
日光温室	2/8	11/11	278	2/7	11/20	288	2/18	11/12	268
塑料大棚	3/3	11/11	253	3/25	11/6	226	3/13	10/16	217
露地	4/10	10/17	191	4/8	10/12	188	4/6	10/12	189

第一节　设施栽培类型

樱桃设施栽培因栽培的目的的不同，可分为促成栽培、避雨栽培和防雹栽培等类型，生产上应用最广的促成栽培，也就是通过设施提早樱桃的成熟采收日期。

樱桃设施栽培根据设施类型的不同，主要有两大类：日光温室和塑料大棚。

塑料大棚是用竹木或钢架结构形成棚架，覆盖塑料薄膜而成，一般大棚占地1亩左右，可以单独建棚，也可多个大棚相连接成为连栋大棚，棚的结构、构件有各种不同的类型。

塑料大棚建造较为方便，棚内空间较大，光照条件好，人工操作较为方便，但塑料大棚四周仅靠塑料薄膜保温，尤其是连栋大棚，用草帘或棉被覆盖保温较为困难，保温效果较差。因此在提早植株生长发育和果实成熟上效果不十分显著，一般可提早10～15天。但在气候变化多变的春季开花期，预防突发异常气候变化，如防止晚霜侵害，保证樱桃树正常生长发育的效果还是明显的。近年来，由于技术的进步，使用电机控制覆盖棉被的技术逐渐成熟，使单栋塑料大棚增温效果大大加强，达到较理想的效果。但连栋大棚仍待研究。

塑料覆盖日光温室是由原来的玻璃覆盖的一面坡日光温室发展而来，温室的北、东、西三面有砖石结构的宽厚墙体，南面向阳面覆盖塑料薄膜，所以接受日光较为充分，加之温室便于进行草帘或棉被覆盖，保温性能较好，促成栽培提早成熟的效果也比较显著。

塑料覆盖的日光温室根据加温方式可分为日光加温温室和人工加温温室两种。

(1) 人工加温温室。采用多种人工加温设施为温室加温，促进设施内的温度提高。常用的加温方式分为空气加温和土壤加温。空气加温是利用在温室内增设火炉、火道或输送热风或设置暖气管道等方式来提高温室内的气温。

(2) 日光加温温室。在温室内不专门设置加热设备，而单靠日光能加温。为了尽可能最大限度地接受日光能和保存热量。各地在温室构造、棚膜选择、保温材料等方面进行研究，也取得了很多有效的成果，应用于生产实际。

目前大部分温室为不加温的温室，但在开花期遇到突发气温降低，而临时使用人工加温设备的较多。

第二节　设施建造

一、设施地址选择

　　樱桃设施栽培以日光为主要热源使设施内形成人工调控的温热环境，因此保护地首先要注意选择在日照充足，背风向阳，东、西、南三面没有高大树木及建筑物和山冈等高大遮阴物体，地势平坦的地段，同时要远离工矿企业，以减少对覆盖物塑料薄膜的污染，无污染土、水源的环境，既要有水源并且排水良好的地段。如北面为低山或坡地梯田，可使温室北墙与坡地相接，可利用其保护墙温，效果更好，还可降低建造费用。大面积栽植时，应在棚室群的北边建造防风林或风障，以防风增温，改善小气候。

　　温室内土壤要疏松肥沃，对沙地可掺加黏土同时多施有机肥进行改良。黏土地则应掺沙、深耕，也多施有机肥来改良土壤。同时要考虑温室要建造在交通便利、便于成品销售和温室日常管理的地方。

二、塑料大棚建造

（一）大棚类型

　　大棚的类型多种多样，可分为单体棚和联体棚两种。大棚以南北走向为宜，骨架采用钢管结构，最好选用 2 厘米和 3.33 厘米的钢管建造。可以用 2 厘米管做拱架，3.33 厘米管做立柱。骨架要具有抵御 10 级以上大风的能力。一般每 3 行树建 1 个单体棚。行株距为 4 米×3 米时，可每 4 米树建 1 个棚。棚的高度因树而定，以棚顶超过树梢 50～100 厘米为宜。棚顶可为拱形或脊式。

　　单体棚多采用电动起放保温帘，为保证流畅操作，棚面应有一定的坡度，采用 1：0.25 的比降较好，即棚内地面每宽 1 米。棚面斜坡高度就增加 0.25 米。棚内横向每隔 0.9～1.0 米设 1 根钢管做支柱，横向弯管与主体钢管连接处需用15～20厘米长的细钢管作为支撑。

设施栽培的大棚除要坚固、抗风、抗压外，还要透光、控湿、保温效果好，便于管理，以利于樱桃正常生长发育。

（二）大棚的走向、面积和高度

从实践看，南北走向的大棚相对东西走向的大棚棚内光照均匀，温差变化少，管理也比较方便。所以实行设施栽培的大棚最好为南北走向。大棚的面积没有固定的标准，多根据园地的实际情况而定。但大棚的面积过大，管理不方便；面积过小，棚内昼夜温差变化大，对甜樱桃生长发育不利。根据实践经验，单体大棚的面积以 400～667 米² 为宜。大棚的高度要适当，不能让棚面紧靠树冠，大棚的两侧面与树体也应有一定的距离，否则周边温差变化大，白天上部光照过强，容易出现灼伤，引起落花落果。

为掌握棚内温度情况，在棚内每隔 15 米左右挂 1 个温度计，温度计据棚边 2 米左右，据地面 1.5 米左右。每棚挂 2～3 个干湿计，位置在棚的两边，据棚边 3 米左右，高度 1.5 米左右。棚内土壤插 1 个地温计。棚外挂 1 个温度计作为参考。

三、日光温室建造

日光温室是我国农民发明的一种设施，通常称为一面坡温室，特点是光照充足、升温快、保温好，不用另加增温设备，经数十年的改进，有多种类型出现，所用建造材料也由竹木为主向镀锌钢管为主转变。越来越多地用于蔬菜、花卉、果树等各类园艺作物的栽培。

1. 日光温室类型　日光温室的类型主要有长后坡无后墙日光温室、长后坡矮后墙日光温室、无后墙日光温室及一坡一立式日光温室等，目前，使用较多的是高后墙短后坡钢管骨架无支柱半拱形的日光温室。

2. 温室长、宽、高 为了使温室能够最大限度地接受日光，并有良好的保温效果，必须重视日光温室的设计。

温室的长度、宽度和高度，不仅决定着温室内的可利用空间的大小，而且对温室的升温、保温性能和管理是否便利有直接的关系。实践证明，北方栽培樱桃的日光温室其长度以 60～80 米、宽度为 7.5 米左右，高度以 3.0～4.0 米为适宜。温室的长度、宽度和高度过大或过小，都不利于温室的升温、保温及管理。

3. 走向 我国北方日光温室以东西向为好，可以最大限度地接受太阳辐射，同时以东西向略偏西 5°为宜。温室群中，前后温室之间的距离，以 2 倍温室的高度值为宜。距离过小，冬春季节相互遮阴，影响温度的升高；距离过大，会降低土地的利用率。在阳坡梯田顺坡修建温室群时，不存在遮阴问题，只要在温室前留 1～2 米的道路，便于日常管理就可以。

4. 棚膜角度 温室棚膜面是阳光进入温室的唯一通道，棚膜角度的大小直接关系到温室内接受太阳光能的多少，对于节能型日光温室来讲，温室棚膜的角度的设计具有十分重要的决定性作用。一般日光温室结构上关键的棚膜角有 3 个，即底角、棚角和后坡仰角。

（1）底角。即温室南面棚膜和地面的夹角，其合适角度为 60°～65°。

（2）棚角。即主棚面与水平线的夹角。这个角度直接关系到日光进入温室的状况，是建造温室时需重点考虑的因素，随着一个地区的纬度不同，棚膜角度随当地的地理纬度要有所不同，其简便方法为棚角＝当地纬度－16°（表 10-2）。

表 10-2 不同地理纬度地区温室棚角角度

纬度	37°	38°	39°	40°	41°	42°	43°	44°	45°
棚角	20.5°	21.5°	22.5°	23.5°	24.5°	25.5°	26.5°	27.5°	28.5°

（3）后坡仰角。这个角度的大小决定温室后墙受光情况，一般以当地纬度加 5°～7°，投影一般为 1 米左右较为合理（表 10-3）。

表 10-3　北方不同纬度地区日光温室设计参考参数

单位：米

纬度	32°	33°	34°	35°	36°	37°	38°	39°	40°	41°	42°	43°
脊高	4.0	4.0	4.1	4.1	4.1	4.1	4.0	4.1	4.1	4.1	4.1	4.1
跨度	8.0	8.0	8.0	7.6	7.5	7.4	7.0	7.0	7.0	6.8	6.7	6.5

5. 墙体厚度　墙体厚度要超过当地冬季最大冻土层厚度，若用土墙可上小下大，如用砖石砌墙可上下一致。东西两边的山墙也同样厚度。前坡面采用圆弧拱形，多用镀锌钢管弯曲并用钢筋焊接成双弦架式拱架。每 80～100 厘米假设 1 道拱架。中间用 3～4 道钢筋东西做拉杆固定。一般在东面山墙或西山墙开门，顺山墙再建一间小房，作为缓冲间。

6. 防寒沟　在温室南边距温室 30 厘米左右挖一条深宽 30～50 厘米的沟，埋秸秆做防寒沟，以提高温室内地温。

四、棚膜选择

应选用透光率高、聚水力低、柔韧性好，对温度变化适应性强的优质无滴聚乙烯膜，以确保大棚透光、保温、控湿。为便于大棚放风降湿，棚膜最好为 3 幅，棚顶 1 幅，两侧各 1 幅。顶膜与侧膜交接处不要粘牢，两膜相互交接 30 厘米左右，以作为风道。横向每 2 道钢管之间的塑料膜用压膜线或绳压紧，防止风刮起。下侧膜底边只用土压紧，以便于上侧边放下拉起，调整风速和降湿。

五、保温材料

保温材料采用普通草帘即可。有条件的可使用保温被。同时，大棚北侧或迎风口用玉米秸秆等做一保温墙，以提高大棚的整体保温效果。

第三节　品种选择

设施栽培选择品种，一般要选果形大、品质优良、抗裂果、综合性状好的品种，如俄罗斯 8 号、佳红、拉宾斯、布鲁克斯、美早等。在主栽品种确定后，再选 2～3 个成熟期相近、需冷量相近、授粉亲和性好、花期一致的品种作为授粉品种。一般授粉品种和主栽品种的比为 1∶3。对已经栽植而不符合要求的园片也可以将 2～3 个授粉品种的枝条高接到主栽品种上，每株高接 3～5 个枝条。

第四节　大树移栽

因樱桃盛果期较晚，早期结果少、效益差，多采用大树移栽的方法来提高设施栽培的效益。以山西中部的日光温室为例，一般在当年秋季前建好温室，10 月下旬至 11 月上旬地封冻前将大树（或大苗）移进温室内，成活后，经 40～60 天的低温休眠，在 12 月或翌年 1 月就可升温，当年就可见到果实，充分发挥了温室栽培的效益。

日光温室内寸金寸地，为充分利用土地。苗木的行株距为 2 米×（1.5～2）米。移栽前以 2 米距离南北向开栽植沟，沟宽、深均为 80～100 厘米，施足基肥，备好复合肥等。

首先，在密植园中按预定目标选好品种，树龄以 5～7 年为好，树龄太小结果少，树龄过大树体大，移栽困难。树体要健壮、无病虫害、树冠完整、树形理想。挖树前 2～3 天浇透水，使根系与土壤紧密接触。

待土壤稍干后开始挖树，可围绕树冠开沟，然后用草绳或塑料网将根系带土坨包好，通常称为土球。土球尽可能大一些，直径一般不小于 40 厘米，如达到 80 厘米以上最好。土球的大小与树体成活及成活后的产量呈正相关。注意在装车运输和栽植过程中，决不能使土球松散，造成不带土移栽的状况。

在温室内按行株距排好植株后，如用到草绳捆绑的可不动，直接用混合复合肥的土埋好土球；如果用塑料网包裹的一定要认真仔细地解除，不可将包装材料埋入土中。埋土后，踏实、浇水，将树木固定，不能用力摇晃。最后，给土壤进行覆膜，以提高地温；还要进行修剪，剪去部分在挖掘、运输过程中损伤的枝条和过密的枝条，伤口涂抹保护剂，促进其成活。

第五节　设施栽培管理技术

一、扣棚时间与升温

当樱桃秋末落叶后，监测夜间温度在7℃左右（高于0℃而低于10℃也可），可及时进行扣棚，并盖上草帘。此时的扣棚不是为了升温，而是为了降温和低温预冷。其方法是：白天盖草帘、遮光，夜间打开放风口，使棚室温度降低；白天关闭所有风口以保持低温。大多数樱桃品种经过20～30天的低温预冷，便可满足低温需求量，可保温生产。

甜樱桃一般的休眠需冷量在7.2℃以下1 100～1 400小时即可，但品种不同会有差异。各地因气温降低时间不一，大棚、温室扣棚升温时间也不同，一般为12月中下旬至翌年1月上中旬。扣棚以后，根据情况，扣棚较早的，最好不要急于升温，前几天可先遮阳蓄冷，白天盖帘，晚间揭帘，继续增加甜樱桃低温的需求，几天后再开始慢慢升温。但升温不宜过急，温度不宜过高，否则容易出现先叶后花和雌蕊先出等生长倒序现象。有取暖设施的，也不要经常加温，特别要注意夜间温度不能过高。在自然条件下，如果棚体保温措施得力是能够满足棚温要求的。只有在遇有特殊天气如低温、霜冻时，才进行人工辅助增温，以防止冻害的发生。

在升温时注意，如果已经满足树体的低温要求，通过了主动休眠期，此时升温，树体发芽整齐，开花良好，从升温到开花约38天。如果低温时间不足就升温，则发芽不整齐，花芽迟迟不萌发，甚至干枯脱落，花期延长50多天，甚至果实成熟使陆续开花。因开花不整齐，坐果率很低，严重减产（表10-4）。

表10-4　几个常用品种的休眠需冷量

品种	需冷量 （7.2℃以下，小时）	品种	需冷量 （7.2℃以下，小时）
布鲁克斯	680	美早	950～1 000
美丽佳人	900～1 000	拉宾斯	1 040
奥斯特	1 000	雷尼	1 200～1 400
利凯斯	900	宾库	900
红灯	800～850	法兰西皇帝	1 300
红艳	850	早朗布特	1 300
8-129	800～850	先锋	1 350
佳红	950	海德芬根	1 400

二、温度调控

设施栽培的温度控制至关重要，其不同的生育期要求不一，在进行正常的扣棚升温时，应注意逐渐升温，先低后高。在扣棚后第1周，白天温度控制在6～11℃，夜间温度调至0～2℃，保证不结冰。第2周白天12～15℃，夜间2～4℃，以后每2～3天升高1℃.第3周白天16～18℃，夜间5～7℃。开花前白天18～20℃，夜间保持6～7℃。开花期白天18℃左右，最好不超过20℃，夜间7～9℃。遇高温天气要及时打开放风口或放帘遮阳降温，遇寒流要加温，保证最低温度在6℃以上。谢花后，白天温度在20～22℃，夜间7～8℃。果实膨大期白天温度20～22℃，夜间10～12℃。果实着色期至采收期，白天22～25℃，夜间12～15℃。

对于地温也要注意。扣棚前地温低而气温上升快，易造成叶芽先萌发后开花，使坐果率降低，会严重影响产量。所以，扣棚后要立即中耕耧平地面，覆盖地膜，以提高地温。

遇有寒流天气时，除加强保温外，还可进行棚外熏烟、棚内生炉、烧木炭等措施提温，预防冻害，但在操作过程中应有专人看护，以防发生火灾。

三、湿度调控

1. 空气湿度 设施栽培甜樱桃对湿度条件要求因物候期不同而有所变化，主要分三个时期。

（1）升温至发芽期。 空气相对湿度保持在 80% 左右为宜。过低，发芽开花不整齐。

（2）开花到谢花期。 此期湿度应适当降低，一般相对湿度以 50%～60% 为宜。过低，花器柱头干燥，对受精不利；过高，花粉吸水易破，影响授粉效果。

（3）果实发育到收获期。 前期 50%～60%，着色后 50%。如大棚内湿度过高，可通过通风换气、控制浇水和地面覆盖等措施调节；湿度过低，相对湿度小于 40% 时，可进行地面和树体洒水喷雾和浇水等增加湿度。

2. 土壤含水量 土壤相对含水量要保持在 60%～80%。

四、光照调控

樱桃树本身是一种喜光性较强的树种。而设施栽培又是在冬季和早春棚室内进行，在这段时间内太阳光照在全年当中最弱，较弱的光线穿过塑料薄膜进入室内，再加上其他影响光照因素的存在，很难满足甜樱桃树生长发育对光的需要。因此必须采取措施，增加棚室内光照，以满足樱桃树对光的需要。

（1）选择科学合理的棚室结构。 包括选择采光良好的南北向大棚设计，减少支柱立架等。

（2）选择透光性能好的覆盖材料。以聚乙烯长寿无滴膜为好。每季最好使用新棚膜，以无滴膜为主；及时清除棚膜灰尘污染；尽量减少支柱等附属物遮光；加强夏季修剪，减少无效叶的数量；阴天尤其是连续阴天可人工光源补光。

（3）室内悬挂和地面铺设反光膜。

（4）应用科学的栽培管理技术。包括采用南北行栽植方式，选择适宜的栽植密度，培养采光良好的树形和合理的冬、夏季修剪等。另外必要时还可进行人工照明补光。

（5）棚面适时覆盖遮阳网，防止上层阳光灼伤。为了防止强光照射，引起上层落花落果，在樱桃开花以后，要适时于受光面覆盖遮阳网。覆盖时间一般为上午 10 时以后至下午 3 时以前即可。

五、二氧化碳施肥与气体调控

（一）棚室内增施二氧化碳的意义

绿色植物光合作用的主要原料是二氧化碳和水。在一定范围内，二氧化碳浓度高，光合效率高。制造和积累的有机物质就多，其产量就高。增施二氧化碳气肥不仅可以提高产量，而且还能提高品质，增强抗性。通常大气中的二氧化碳的含量为 0.033% ～ 0.036%，该浓度基本可满足果树的正常生长发育的需要，但不能达到最大的光合效率，获得最佳的产量。特别是在密闭的棚室的内，果树进行光合作用，消耗二氧化碳后，得不到外界二氧化碳的补充，在白天光照良好的条件下，棚室内的二氧化碳浓度可下降到 0.007%，使果树处于饥饿状态，严重影响了光合作用的进行，限制了果树的产量和品质的提高。因此，在设施条件下，人工增补二氧化碳对于提高光合效率，获得高产优质的意义很大。

（二）增施二氧化碳的方法

1. 增施有机肥　在土壤中增施有机肥和地面覆盖秸秆、绿肥等。这些有机物腐烂分解，不仅可以提高土壤有机质的含量，改善土壤理化性质，还可以促进土壤微生物的分解活动，释放大量的二氧化碳。据报道，1吨有机物完全分解后能释放1.5吨的二氧化碳。

2. 施用固体二氧化碳气肥　固体二氧化碳气肥为褐色扁圆形颗粒，具有物理性状良好、化学性质稳定、使用方便安全、肥效期长等特点。一般一次性每亩施40～50千克，可使棚室内二氧化碳浓度高达0.1%，施后1周开始释放二氧化碳，有效期可达90天，高效期为40天以上。使用时可在行间开2厘米深的条状沟，施后覆土，或者施于地膜下。要注意保持土壤湿润、疏松。施肥期间应适当控制通风次数和时间，通风时开启中上部放风口，以减少二氧化碳的逸失。

3. 化学反应法　用工业硫酸与碳酸氢铵反应，产生二氧化碳。此方法成本较低，技术简单，便于掌握。具体方法是，每隔6～7米，在棚架上挂一个抗酸腐蚀的容器，如塑料桶。每个容器内加1 000克稀硫酸（浓硫酸与水比例为1∶3），每天上午日出后1～2小时内加入80克碳酸氢铵，可连续加5天，当反应结束后，再加50克碳酸氢铵，可将残液加50倍水作追肥用。然后重新开始。据报道，25%稀硫酸5 000克与碳酸氢铵2 000克反应后，可产生二氧化碳气体1 000克，可使每亩温室内的二氧化碳浓度增加0.042%。注意，在操作时，配置稀硫酸，要将浓硫酸缓慢倒入水中；阴雨天停止反应，避免二氧化碳浓度过高，造成伤害。

4. 燃烧法　棚室内设置多点，点燃丙烷气、白煤油、液化石油等，通过燃烧释放二氧化碳。据报道，1千克丙烷气燃烧后，可产生1.5米³的二氧化碳。

除以上人工补增二氧化碳的方法外，还可在保证棚室内温度的情况下，打开通风口，通过室内外空气交流，使棚室内的二氧化碳得到补充。

在增施二氧化碳的同时要注意棚室内对影响樱桃树生长发育的有害气体，如氨气、一氧化碳、亚硝酸气体等，其中氨气主要来源于未经腐熟的有机肥和大量施用碳酸氢铵及撒施尿素，在施肥时注意施用腐熟的有机肥并经常通风换气，可避免氨气和其他气体中毒。

六、辅助授粉

设施栽培棚内密闭，空气流动性差，不利于自然授粉，搞好辅助授粉至关重要。促进授粉方法有：

1. 花期放蜂　樱桃开花期在棚内放养蜜蜂，一般每亩放 2 箱蜜蜂，可达到授粉效果。放蜂要掌握好蜜蜂进棚时间，防止开花量和蜜蜂数量失调。当棚内有部分花开时，先不要让蜜蜂进棚，可先人工点授，当花开到总量的 5% 以上时，每亩先放进 1 箱蜂，当花开达 40% 以上时，再将第 2 箱蜂放进去。在开花较少时，如蜜蜂数量偏多，花朵被蜜蜂频繁接触，柱头等处易造成溃烂，从而降低坐果率。

2. 人工授粉　在开花后 1～2 天，选择上午 9 时至下午 3 时前用鸡毛掸在樱桃花上多次滚动，通过不同品种间滚动，达到授粉的目的。还可人工点授。方法是卷帘后，在棚内温度合适时，对座果率不高的品种进行人工点授。

3. 花期喷硼　在主栽品种的盛花初期，喷 0.3% 硼砂或其他硼制剂。

七、果实管理

1. 疏蕾　一般在开花前进行，主要疏除细弱果枝上的小花、畸形花和密集花。每个花束状果枝留 2～3 个饱满状花蕾即可。

2. 疏果　一般在樱桃生理落果后进行。一个花束状果枝上留 3～4 个果实，最多 4～5 个。注意把小果、畸形果和着色不良的下垂果疏除。

3. 摘叶促进果实着色　在果实着色期，将遮挡果实采光的叶片摘除。果枝上的叶片对花芽分化有重要作用，切勿过重。

4. 铺反光膜　果实采收前 10～15 天，在树冠下铺反光膜，可增强采光程度，促进果实着色。

八、整形修剪

切忌在寒冷的冬季修剪，温室栽培要在扣棚升温后修剪。修剪时，落头缩冠，疏除背上旺枝及树冠上部的竞争枝，避免上强，以改善下部光照。疏除多杈枝，保证主栽延长枝单轴延伸。剪掉过密的枝条，总枝量比露栽应少20％左右，以利通风透光，改善光照条件。

内膛花芽与叶芽混合枝切忌齐花剪，应在花芽以上留1个叶芽短截，使该叶芽发枝拉水，此举可明显提高坐果率，且果实个大成熟早。

合理应用春刻芽，夏摘心、扭梢，秋拉枝技术。

花量过大时，要适当疏花，疏除弱花、晚花、畸形花和发育枝上的花，以提高坐果率。在生理落果后畸形疏果，疏果的数量应看树龄、树势、肥水情况和坐果情况等定，要疏除小果、弱果、畸形果和隐蔽处着生不好的果，留横向和向上的大果。合理负担，促进果实膨大，提高果实品质。

九、肥水供应

1. 施肥 甜樱桃设施栽培整个生长周期比露地长近3个月，营养需求和营养消耗都比露地大。在施肥上要重视秋施基肥和前期追肥。基肥要多施，一般比露地增加1/3，特别是优质有机肥要多施。确保每亩施肥3 500千克以上，并结合施入部分复合肥或果树专用肥。

追肥要比露地增加1～2次，并根据树体叶相进行多次叶面追肥，以防脱肥，稳定树势，确保丰产丰收。花果期施肥以叶面追肥为主，花期前后可喷0.3％尿素液，促进坐果。果实膨大期可叶面喷洒1～2次磷酸二氢钾液，以增强树势，提高果品质量。

2. 浇水 浇水时要本着少量多次稳定供应的原则进行，花前浇水时，因为水温尚低，容易降低地温，对根系生长发育极为不利，应事先进行蓄水或晒水然后再进行樱桃的设施灌溉。

十、施用生长调节剂控制树冠

樱桃幼树树势强健，在棚室的优越条件下，树冠扩展快，很容易使树冠郁闭，必要时，可施用PBO来控制树冠扩展。一般土施，每株10克左右，叶面喷洒可250毫克/升。PBO不同处理后枝条花芽数和产量会均有不同程度的增加。以叶面处理优于土施效果。

十一、病虫害防治

首先在扣棚前，要彻底清园，清除落叶，剪掉病虫枝，刮去老翘皮，并及时烧毁或深埋，以降低病虫基数。同时全树淋洗式喷洒1次3~5波美度石硫合剂。

如果建棚时加防虫网，在扣棚时加强管理，一般棚室内的病虫害较轻。病害主要是花腐病（褐腐病），其他病虫害很少发生。花腐病的发生比较普遍，主要是棚内湿度过大造成的。如花后连阴天较多，湿度较大，除及时扒开风道降湿外，还可用生石灰放在棚内吸湿。可在花后10天左右喷布一遍50%多菌灵可湿性粉剂或70%甲基硫菌灵可湿性粉剂800~1 000倍液，防治花腐病、流胶病等。以后直到果实采收期间一般不需用药，个别棚室可根据具体情况适当用药。

因温室和大棚内温湿条件都得到改变，如发生病虫害也与大田有很大的差别，要注意观察防治。

十二、采后管理

果实采收后，要及时揭去塑料薄膜，喷波尔多液杀菌，比例为1千克硫酸铜，1.5千克石灰，200千克水，加上相应的杀虫剂。其他管理如同露地栽培樱桃。

第十一章
樱桃栽培中常遇的问题及预防措施

第一节　低温冻害

一、低温冻害的发生

在冬季和春季樱桃栽培区遇到低温，一般在－16℃的气温下，持续 1～2 天，就会发生冻害。一年生枝受冻后，从基部到上部芽鳞片松动枯死，春季不萌发。二至三年生枝中上部的叶芽也出现相同情况。春季有些枝条上的芽萌发后鳞片开裂，但不生长，是生长点已受冻致死。成龄树枝干受冻后，主干等骨干枝输导组织遭到破坏，树皮褐变纵裂，骨干枝枯死或整株枯死。当地面气候急剧变化时，根颈部最容易受冻，树皮变色局部或环状干枯。新栽幼树容易因根颈受冻而死亡。

发生冻害的年份，一般在地势较高、背风向阳的地段的樱桃树受害较轻；相反，在背阴、风口、地势低洼或沟谷地的果园受害较重，甚至年年受冻。

砧木和品间抗冻能力差别也很大。大青叶砧木的樱桃树抗冻性较弱；大紫、佐藤锦、红灯、雷尼、红丰、先锋、奇好、友谊、美早等品种抗冻力较强；拉宾斯、意大利早红、砂蜜豆和早大果等品种抗冻力较弱。

肥水管理、花果管理、整形修剪、病虫害防治等各项综合管理水平较高的果园，树势生长健壮，受冻程度轻；而肥水管理不当或氮肥过多旺长树，过多干旱或积水果园，负载量过大，病虫害防治较差果园树势较弱的树就容易受冻，而且受冻程度重。

二、冻害预防措施

（1）注意建园选址。要选地形开阔、光照充足地势较高、背风向阳、土壤肥沃、土质疏松、地下水位较低、排灌水设施条件好的沙壤土。加强土壤、肥水、花果、树体管理，做好病虫害防治，确保树势健壮，避免枝条徒长，营养贮藏充足，增强抗冻能力。

（2）注意选择抗冻性较强的砧木和品种。

（3）涂防冻剂。落叶后，树体用涂白剂（石灰∶食盐∶水＝1∶1∶20）涂刷主干和大枝，对防止日烧、减轻冻害效果很好。喷洒保湿防冻剂，如 60 倍的高脂膜液等。

（4）浇好冻水。在土壤初冻时浇好封冻水，要浇足浇透，保证冬春树体对水分的需要，防治冬旱。

（5）缠裹塑料条。在冬季修剪后，立即缠裹塑料条，将地膜或塑料膜裁剪成 5 厘米左右宽的条，将枝条由下向上，一圈一圈紧密缠裹起来，每一圈要重叠压紧，最后将剪口保好，捆紧。注意经常检查，如有被风吹松或撕破的及时补缠。

（6）树盘覆盖。树盘覆盖地膜可保持土壤水分，特别可提高地温。在秋末施肥灌水后，在幼树两边各铺一条宽约 1 米的地膜，四周用土压住，避免被风吹开。树盘覆盖秸秆（麦秸、稻草、绿肥、杂草）可以减少冻土层厚度，推迟下年萌动期，预防晚霜危害。覆盖秸秆厚度为 10～20 厘米，覆盖好后，围绕树干周围边缘压土，以防被风吹散。

（7）喷涂保护剂。可涂凡士林。涂抹时，从树干到枝条，由下向上涂，要求涂抹均匀而薄，尽量避开芽体，以免影响芽的萌发生长。

从 2 月中下旬开始喷 150～200 倍液的羧甲基纤维素 2～3 次。羧甲基纤维素是一种化工成片，具有较强的黏着性，喷后可在枝条上形成一层超薄的保护膜，防止水分蒸腾，可有效地保护枝条越冬。使用前要先将羧甲基纤维素钠加 10 倍左右的水浸泡一昼夜，使其成糊状，再稀释到所需倍数。一般喷 1 次的有效期为 20 天左右，所以要连喷几次。

（8）埋土防寒。 秋季栽植的当年生幼苗及时定干后，在土壤结冻前，把苗木压弯尽量接近地面，然后在苗上覆土，全部盖严。覆土厚度看当地冬季寒冷程度，一般不低于 20 厘米。下年土壤解冻后，去除覆土，将苗干扶正。对待幼树，必要时可在树北侧迎风向，修建高 30～50 厘米，长 80～100 厘米的半圆形防风墙，对防止冻害也有较好的效果

第二节　霜　　冻

一、霜冻类型

霜冻按发生的形式分为平流型霜冻、辐射型霜冻和平流辐射混合型霜冻。

1. 平流型霜冻　由于出现强烈的冷空气平行流动，特别是北方冷空气南下，引起天气剧烈降温，使作物遭受的霜冻危害，被称为"动霜"。这种霜冻影响范围大，对当年甜樱桃生产的危害是毁灭性的。

2. 辐射型霜冻　在冷性高气压控制下，夜间晴朗无风，气温下降，植物表面强烈辐射降温引发的霜冻，又称为"静霜"。这种霜冻危害小，有时对红灯、拉宾斯、斯坦勒、烟台 1 号等花量多的品种甚至能起到疏花作用。

二、霜冻预防措施

（一）提高树体自身的抗霜冻能力

1. 提高树体贮藏营养水平　加强土壤管理，增施有机肥，促根壮树。据报道，施用细胞稳态剂可有效减轻冻害。方法为蕾期、

幼果期用 10 倍液涂干，宽度 30～50 厘米；在花芽分化期、果实膨大期及果实着色期喷浓度 200 克，兑水 300～400 千克。

2. 搞好秋季保叶工作　预防叶片病害，确保秋季正常落叶。

（二）改变果园环境温度状况

1. 架设防霜篷帐　据报道，在 1999 年至 2000 年早春，在樱桃行间间隔 4 米埋设 1 根支柱，支柱顶部比甜樱桃树高 20～30 厘米，支柱间以竹竿做横梁。樱桃开花前 7 天在竹竿上覆盖塑料薄膜，四周用绳索拉紧，使樱桃园全园连成一体，或以 2 行为 1 个结构体。塑料薄膜仅覆盖樱桃园上方，四周不盖，以利通风。樱桃坐果后 14 天揭膜。据 1999 年调查，采用架设防霜篷帐的红灯和先锋品种，花序坐果率分别为 81.8％和 85.0％，而同品种未进行防霜处理的，花序坐果率仅分别为 10.5％和 9.6％。

2. 熏烟　事先在甜樱桃园内每隔 5 米堆放麦糠草堆。当夜间气温下降到 2℃时，点燃草堆，熏烟时间宜持续到翌日太阳出来时为止。据 1999 年调查，熏烟樱桃园的红灯、先锋、拉宾斯、大紫和雷尼品种，花序坐果率分别为 74.0％、72.3％、57.1％、79.8％和 67.3％；而同品种未进行防霜处理的，花序坐果率仅分别为 20.5％、26.5％、26.1％、34.3％和 15.4％。

还可用防霜烟雾剂，配方为硝酸铵 20％～30％，锯末 50％～60％，废柴油 10％，细煤粉 10％。

3. 萌芽前灌水　萌芽前漫灌可推迟樱桃萌芽和开花。据 2000 年调查，用井水和水库水地面漫灌，可分别使甜樱桃树推迟 5 天和 3 天萌芽。因井水温度较低，故其推迟萌芽的效果更明显。

4. 利用加热器加温　霜冻前，点燃加热器，每公顷放 60～90 个，每小时每个加热器耗燃油（柴油）3 千克，可使果园升温 4℃ 左右。

5. 搅动空气　在小面积果园可用大型吹风机或风扇搅动空气，可有效防霜冻。

6. 喷植物生长调节剂　在花前 7～10 天喷 150 倍液 PBO，可抗－3～－4℃的低温，效果明显。

在萌芽前后，冻害来临前，每亩用碧护 6～9 克，兑水 100～150 千克，加磷酸二氢钾 0.3%～0.5%、壳寡糖类叶面喷施，可预防霜冻；霜冻后，及时用 6～9 克碧护兑水 100～150 千克和壳寡糖及钾肥补喷，间隔 5～7 天再喷一次，可明显缓解冻害。

第三节　裂　　果

一些樱桃品种极易裂果，近年来，设施栽培樱桃采前裂果问题尤显突出，严重影响其商品性，并已经成为困扰果农增收的重要因素。

一、裂果原因

1. 品种特性　不同的甜樱桃品种抗裂果的表现不同。裂果与果皮结构有很大关系。果皮薄、结构较松、细胞间隙大的品种易裂果。一般来说，早熟品种，如早大果、红灯、大紫等，果实近成熟期，果皮强度低，果实表面有许多小龟裂纹，气孔多而大，且呈开张状态，因细胞排列疏松，沿缝合线部位发生裂痕。

2. 气候因素　果实生长前期，土壤长时间处于干旱状态，在近成熟期，若遇到连续降雨或暴雨，土壤中的含水量急剧增加，果肉细胞便迅速吸水膨大，果实膨压增加，引起表皮胀裂。采收前过量灌水或灌水不当都会引起裂果。着生于树冠外围的果实易裂果，原因是外围的果实易受到日灼、机械损伤和病虫等危害，表皮生长受阻，韧性降低，遇雨后在伤痕处产生裂纹。

3. 果园立地条件　地势低洼、土壤黏重、灌水不均衡、果园内湿度变化幅度较大，都易引起裂果。

4. 土壤含水量　全年土壤含水量分布不均衡，如"忽干忽湿"状态，也会发生裂果。若土壤一直处于一种相对稳定的湿度，即使降雨，也不易产生裂果或裂果较轻。

5. 土壤肥力　土壤瘠薄，肥力条件差，施肥过少或偏施化肥，不施有机肥，造成树体虚旺，抗逆性较差。

二、裂果预防措施

1. 尽量选用早中熟和抗裂果品种　早中熟品种，如早大果、红灯、美早等，这些品种在雨季到来前成熟，可避免裂果。栽植晚熟品种应注意品种的抗（耐）裂性，虽然目前没有完全抗裂果的品种，但相对来说，晚熟品种先锋、雷尼尔、拉宾斯、萨米脱等裂果较轻。在生产上应结合当地的气候条件，考虑品质、丰产性、抗逆性等特点，选用适宜的品种。

就目前来看，尚未发现完全抗裂果的樱桃品种，但裂果的数量和程度则因品种不同而异。樱桃裂果多是采前经旱遇雨造成的，抗裂品种在雨季到来前成熟，以避开雨季，避免裂果。栽植晚熟品种应注意品种的抗（耐）裂性。

2. 保持土壤湿度相对稳定，稳恒土壤含水量　樱桃裂果与土壤含水量的不均衡分布有密切关系。如当土壤长期处于缺水状态，突然遇雨就会发生裂果；如果土壤水分保持相对饱和稳定，即使突然降雨，裂果也会较轻。浇水后，地面要及时划锄，改善园内小环境，降低园内湿度，保持土壤水分均衡。

3. 树体水养调节　在樱桃开花前、幼果期和果实膨大期分别喷洒瓜果壮蒂灵＋0.3%～0.5%尿素＋0.3%磷酸二氢钾液，提高果实品质，调节果树体内水养均衡，增强树体活性，防治樱桃裂果。

4. 采收前喷布钙盐　据试验，在果实采收前，每隔7天连续喷布3次0.2%氯化钙液＋新高脂膜，可减轻樱桃裂果，延长货架期。

5. 建遮雨棚　在果实开始着色、雨季到来之前，建造塑料薄膜遮雨大棚，造成无雨小环境，也可有效防止裂果。

第四节 果实畸形

在塑料大棚和日光温室的樱桃生产中，出现单柄双果，其至单柄三果的畸形果比例有增多的趋势，这类畸形果严重影响了樱桃的外观品质，降低商品价格，其至失去商品价值。

一、果实畸形发生原因

造成畸形果的主要原因是花芽分化过程中雌蕊原基分化不正常，在花芽分化的过程中，从萼片到花瓣分化的过渡期，对高温最敏感。此期间如遇到高温容易产生双雌蕊，下一年畸形果的发生率就会大大增加。一般温度达到 36℃ 以上时，如再持续干旱，极容易使花芽分化不能正常进行，产生异常分化。

二、果实畸形预防措施

1. 选择适宜品种 樱桃品种之间抗高温特性不一，畸形果的发生率不一。据调查，佐藤锦、那翁、早大果、红灯的发生率高，而黑珍珠、美早的发生率低，而红宝、布鲁克斯、拉宾斯、先锋等发生率也较低。可作为选择品种时的一个参考因素。

2. 调节棚室内温度 在花芽分化的 7～8 月，利用遮阳网来降低棚室内的温度，可以有效地减少双雌蕊花芽的形成，从而降低下一年畸形果的发生。如果有条件的可利用水帘、树顶喷灌等设备，也可通过地面灌水等方法，利用水分来降低棚室内小气候温度。

三、及时摘除畸形果

产生畸形果的花在花期就可以看出，因此，在樱桃花期、幼果期，随时发现畸形花、畸形果及时摘除，以节约树体营养，减少畸形果的发生率。

第五节 鸟 害

鸟害也是樱桃栽培上的一大危害。樱桃成熟时色泽艳丽、果味甘甜，特别是靠近成片树林的樱桃园，很易遭受鸟害。架设防鸟网把树保护起来，效果好而持久。

防鸟网的颜色选择，以黄色、蓝色、红色为宜，通过阳光折射出红光或蓝光，迫使鸟雀不敢靠近，既取得趋避鸟雀作用，也不至于伤害鸟雀，同时也保护了网线。透明的网线，不具备驱赶作用，而且容易使鸟雀撞到网上，既伤害鸟雀，又损伤网，不宜采用。

网目可根据鸟雀的主要类型选择，一般樱桃成熟早，各类鸟雀都可能来啄食，选用（2.5～3）厘米×（2.5～3）厘米的网目较好，可防麻雀类小型鸟类。网长则可以根据果园大小选用。网线粗度一般 0.25 毫米直径就可以。如果是夏季冰雹多发区，计划防鸟兼防雹，网线应加粗到 2.0 毫米。

果园搭建防鸟网，可分为安装立柱、架设网面和铺设防鸟网三部分。搭建后，立柱的寿命要等于或大于果树的经济寿命，直立稳固，抗风力要强，在使用过程中不能出现断折、变形、倾倒等现象，高度要超过树高 0.5～1.0 米。网面用铁（铅）丝拉成，主线可用 8 号，辅线用 12 号较好，14 号线价格便宜，但使用年代短。密度要能够承受尼龙网线的重量，铺设后平整不下垂。网面要将整个果园包起来，不留缝隙。

第六节 盐碱地的改良

樱桃果园盐碱地改造方法主要有

（1）开挖排水沟，排除积水，降低地下水位。 盐碱土的一大特点是地下水位高，蒸发量大，把大量带有盐碱的水通过毛细管水蒸发后，将盐碱留于地面，治盐碱首先要降低地下水位。这项工作与矿区建设结合起来，完善排水系统，使积水得到排除，大大降低了地下水位。

（2）挖大坑，换耕质土，坑底铺灰渣做隔盐层。一般花坑80厘米见方，深度为70厘米左右，坑内均换耕质土。含盐量在0.5％以上的在坑底铺15厘米灰渣做隔盐层，上面再填好土，给树木创造一个良好的生长环境。

（3）施有机肥改盐治碱。农业上改造盐碱地的行之有效的办法是在盐碱地上施用有机肥，有机肥不但能改善土壤结构，而且在有机肥腐烂过程中还能产生酸性物质中和盐碱，有利于树木根系生长，提高树木的成活率。

（4）抬高地面，控制返碱。

（5）利用生物改土。在重盐碱地上，先种抗盐碱力强的草或绿肥植物，长到一定程度后把草或绿肥植物翻入土中，以增加土壤有机质，改善土壤水、肥、气条件，提高土壤肥力，降低盐碱含量，栽种树木花草就容易成活。

（6）挖坑晒土，灌水压盐。①秋季挖坑晒因经过一个雨季的淋洗，土中含盐量减少了，再把挖出的土放在坑边晒4个多月，促进土壤熟化。②春季植树前先灌大水压盐，以降低含盐量。这样做与换耕质土起到同样的作用。

第七节　櫻桃周年生产管理历

表11-1　樱桃周年生产管理历

时间	物候期	管理要点
3月初至4月上旬	萌芽前	1. 萌芽前修剪：幼树以整形为主，拉枝开角；初果树以缓放为主，控制树高、控制背上枝的生长势，培养结果枝组；盛果期树以培养、复壮、更新结果枝组为主，防止结果部位外移，疏除过密枝、细弱枝 2. 浇水、整理树盘、检查、处理根癌病

（续）

时间	物候期	管理要点
4月中下旬至 5月上中旬	萌芽开花期	1. 喷药防病：喷3~5波美度石硫合剂；处理腐烂病、流胶病、介壳虫、金龟子等。架设频振式杀虫灯 2. 花前复剪 3. 放蜂授粉，人工辅助授粉 4. 防霜冻：浇水、熏烟等
5月下旬至 6月上旬	幼果膨大期	1. 施追肥 2. 适当浇水 3. 预防穿孔病，红蜘蛛；喷生物杀菌剂＋阿维菌素
6月中旬至 7月初	果实成熟期	1. 控制水分，叶面喷钙，防止裂果 2. 架设防鸟网，防鸟害 3. 采果
7月上旬至 9月	花芽形成； 新梢生长	1. 夏季修剪 2. 追肥 3. 防治病虫害预防红颈天牛（树干注药）、介壳虫（毒死蜱）、叶螨（阿维菌素）、大绿叶蝉（吡虫啉）、刺蛾（菊酯类）、褐斑病、穿孔病、（甲基硫菌灵）流胶病（及时刮治，涂梧宁霉素）。雨季来临喷代森锰锌 4. 土壤管理、注意排水
9月至11月	新梢缓慢生长，营养积累	1. 施基肥，施肥量为全年量的70%。每千克果实施2千克有机肥 2. 浇水
11月至 下年2月底	休眠期	1. 彻底清园 2. 树体清理、涂白 3. 整形修剪